21 世纪全国高职高专土建系列工学结合型规划教材

建筑工程识图实训教程

主　编　孙　伟
副主编　陆学斌
主　审　孙　朋

北京大学出版社
PEKING UNIVERSITY PRESS

内 容 简 介

本书共分为6章，内容包括课程实训标准与考核评价标准、实训基础知识Ⅰ、实训基础知识Ⅱ、建筑细部构造识读任务训练、建筑施工图识读任务训练、结构施工图识读任务训练。 本书以一套完整的建筑施工图、结构施工图为例，进行直观、形象的讲解，以便读者理解和学习。

本书可作为建筑施工技术、建筑工程监理、建筑工程造价、建筑装饰工程、物业管理等土建类相关专业的教学用书，也可供从事土建相关领域工作的在职人员学习使用。

图书在版编目(CIP)数据

建筑工程识图实训教程/孙伟主编 . —北京：北京大学出版社，2015. 11
（21 世纪全国高职高专土建系列工学结合型规划教材）
ISBN 978 - 7 - 301 - 26057 - 9

Ⅰ.①建… Ⅱ.①孙… Ⅲ.①建筑制图—识别—高等职业教育—教材 Ⅳ.①TU2

中国版本图书馆 CIP 数据核字（2015）第 160141 号

书 名	建筑工程识图实训教程	
	Jianzhu Gongcheng Shitu Shixun Jiaocheng	
著作责任者	孙 伟 主编	
策 划 编 辑	杨星璐	
责 任 编 辑	刘 嚣	
标 准 书 号	ISBN 978 - 7 - 301 - 26057 - 9	
出 版 发 行	北京大学出版社	
地 址	北京市海淀区成府路 205 号 100871	
网 址	http://www. pup. cn 新浪微博：@北京大学出版社	
电 子 信 箱	pup_6@163. com	
电 话	邮购部 62752015 发行部 62750672 编辑部 62750667	
印 刷 者	北京鑫海金澳胶印有限公司	
经 销 者	新华书店	
	787 毫米×1092 毫米 16 开本 14 印张 342 千字	
	2015 年 11 月第 1 版 2015 年 11 月第 1 次印刷	
定 价	32. 00 元	

前　言

　　建筑类高等职业教育以培养面向建设行业一线的高素质技术技能型人才为己任。职业院校的学生不仅需要具备一定的专业知识结构，更应具有一定的职业技能水平。为了落实《国家中长期教育改革和发展规划纲要（2010—2020 年）》中提出的职业教育要"着力培养学生的职业道德、职业技能和就业创业能力"的要求，本书在编写指导思想上注重实用、培养技能，通过由浅入深、由简到繁的实训内容，逐步提高学生的识图与读图能力。

　　本书为高职高专建筑构造与识图课程或建筑工程识图课程的配套实践性教材，它是根据最新修订的《房屋建筑制图统一标准》（GB/T 50001—2010）、《总图制图标准》（GB/T 50103—2010）、《建筑制图标准》（GB/T 50104—2010）、《建筑结构制图标准》（GB/T 50105—2010）、《混凝土结构施工图平面整体表示方法制图规则和构造详图（现浇混凝土框架、剪力墙、梁、板）》（11G101—1）等规范图集，结合《建筑构造与识图》一书进行编写。

　　本书内容包括房屋的细部构造识图，建筑、结构识图的基本理论及图样表达方法，建筑施工图、结构施工图识图及相关国家标准等。全书共分为 6 章，第 1 章为课程实训标准与考核评价标准，明确实训标准与考核要求；第 2 章、第 3 章为实训基础知识，明确实训所涉及的图样及相关画法；第 4 章为建筑细部构造识读任务训练，第 5 章为建筑施工图识读任务训练，第 6 章为结构施工图识读任务训练，这 3 章从实践性教学环节着手，将识图的基本原理与施工图实例相结合，强调通过阅读工程实例图样快速掌握识读图的方法和技能。

　　本书具有以下创新之处和特色。

　　1. 构思新颖

　　本书在编写过程中突出一个"新"字，以现行最新国家标准和行业标准为依据，立足"学以致用，基础扎实、突出能力培养"的教学原则编写，本书在第 5 章、第 6 章中设置了"技能考核""知识延伸"等模块。

　　2. 通俗易懂

　　本书内容全面丰富、通俗易懂、图文并茂，增加了学习的趣味性。

　　3. 操作性强

　　本书第 5 章、第 6 章中布置了结合工程案例的专业技能训练与考核，通过实操练习帮助读者理论联系实际，加深对所学知识的理解，并使读者能较快成为具有实际工作能力的专业人员。

　　本书由哈尔滨铁道职业技术学院孙伟、哈尔滨理工大学陆学斌编写。具体编写分工如

下：孙伟编写第 2 章、第 4 章、第 6 章，陆学斌编写第 1 章、第 3 章、第 5 章。本书由黑龙江省建工集团高级工程师孙朋主审。

　　由于编者水平有限，加上时间仓促，书中难免存在疏漏之处，恳请广大读者批评指正，在此谨表谢意。

编　者

2015 年 3 月

CONTENTS
目 录

第1章

○○○

课程实训标准与考核评价标准

1.1 课程实训标准

1.1.1 课程简介

（1）课程名称：建筑构造与识图实训或建筑工程识图实训。

（2）适用专业：建筑工程技术、工程监理、工程造价、建筑装饰工程技术。

（3）课程性质："建筑构造与识图实训"（或"建筑工程识图实训"）课程是专业的核心课程之一，该课程具有较强的实践性，通过综合实训并结合实际工程项目，学生能够掌握建筑构造原理及识读建筑施工图、结构施工图的技能，同时通过识读图熟练，能够掌握基本制图规范和建筑图形及房屋各组成部分的构造做法和要求。

本课程是在学生学习"建筑制图""土木工程材料""建筑结构""基地与基础""建筑工程施工技术""建筑工程计量与计价"等课程后进行的，是学生参加顶岗实习前专业技能考核的重要组成部分，更为学生能够快速适应就业岗位打下基础。

1.1.2 课程目标

1. 基本知识目标

（1）掌握建筑制图国家标准、投影的基本原理、建筑形体投影图的识图方法、建筑构件剖面图和断面图的识图方法。

（2）掌握建筑工程图的形成规律、图示内容、图示方法及识读方法。

（3）掌握民用建筑中房屋各构造组成及其作用、常用的建筑构造做法和构造要求。

（4）掌握单层工业厂房的结构组成和类型、单层厂房定位轴线、单层厂房主要结构构件和围护结构的组成及其构造。

2. 能力目标

(1) 具有建筑形体和建筑构件的基本识读图能力。

(2) 具有识读建筑工程图的能力。

(3) 具有对民用建筑房屋细部构造的认知能力以及构造详图的表达能力。

(4) 具有对单层厂房排架结构构件、建筑围护结构构件及构造的认知能力以及单层工业厂房定位轴线的布置能力。

3. 态度目标

(1) 良好的职业道德素养。

(2) 严谨的工作态度和耐心细致、一丝不苟的工作作风。

(3) 自觉学习和自我发展的学习习惯。

(4) 团结协作的精神。

4. 核心素质目标

(1) 具有本专业工作所必需的专业知识和能力、具有实事求是的学风和创新意识、创新精神。

(2) 培养空间想象能力。

(3) 具有较强的责任心和团结、协作、共赢的精神。

(4) 具有独立分析与解决具体问题的综合素质能力。

1.1.3 课程实训内容

构建以培养专业技术能力为主线,突出岗位能力训练,确保实践能力训练不断线。找准专业实践能力层次的定位,把握综合实训的指导思想,设置该实训理论性、实践性教学环节,通过基本识读图能力、建筑细部构造识读能力、建筑施工图的识读能力、结构施工图的识读能力四个能力训练,从而培养学生的基本素质与职业能力,提高学生在实践性教学环节中发现、分析、研究和解决有关实际问题的能力,见表1-1。

表1-1　实践教学内容与职业能力分析表

职业能力	实践教学内容	具体任务	实训操作及成果要求
1. 基本识读图能力	1. 实训基础知识Ⅰ 2. 实训基础知识Ⅱ	1. 图纸幅面规格与图纸编排顺序	1. 完成建筑图例的识读,图纸识读练习 2. 完成简单建筑形体的三面投影图和轴测图识读练习 3. 完成建筑构件的剖面图和断面图识读练习
		2. 图线与线型	
		3. 建筑模数及定位轴线	
		4. 尺寸标注	
		5. 常用建筑材料图例	
		6. 标高	
		7. 总平面图图例	
		8. 常用构造及配件图例	
		9. 水平及垂直运输装置图例	

续表

职业能力	实践教学内容	具体任务	实训操作及成果要求
1. 基本识读图能力	1. 实训基础知识Ⅰ 2. 实训基础知识Ⅱ	10. 常用构件代号 11. 钢筋的一般表示方法 12. 钢筋的简化表示方法 13. 视图认知 14. 剖面图认知 15. 断面图认知 16. 简化画法和规定画法认知 17. 轴测图认知	1. 完成建筑图例的识读，图纸识读练习 2. 完成简单建筑形体的三面投影图和轴测图识读练习 3. 完成建筑构件的剖面图和断面图识读练习
2. 建筑细部构造识读能力	1. 建筑细部构造识读任务训练 2. 工业厂房识读训练	1. 地基与基础识读 2. 墙体识读 3. 地坪层与楼地面识读 4. 楼梯识读 5. 屋顶识读 6. 门窗识读 7. 变形缝识读 8. 单层工业厂房识读	1. 基础图识读练习 2. 墙体构造详图识读练习 3. 地坪层与楼地面认知识读练习 4. 楼梯识读练习 5. 屋顶识读练习 6. 门窗识读变形缝识读练习 7. 变形缝识读练习 8. 单层工业厂房识读练习
3. 建筑施工图的识读能力	建筑施工图识读任务训练	1. 首页图识读 2. 建筑总平面图识读 3. 建筑平面图识读 4. 建筑立面图识读 5. 建筑剖面图识读 6. 建筑详图识读	1. 首页图识读练习 2. 建筑总平面图识读练习 3. 建筑平面图识读练习 4. 建筑立面图识读练习 5. 建筑剖面图识读练习 6. 建筑详图识读练习
4. 结构施工图的识读能力	结构施工图识读任务训练	1. 结构总设计说明、基础施工图识读 2. 板平面布置图识读 3. 梁平面布置图识读 4. 屋架平面布置图识读 5. 楼梯施工图识读	1. 结构总设计说明、基础施工图识读练习 2. 板平面布置图识读练习 3. 梁平面布置图识读练习 4. 屋架平面布置图识读练习 5. 楼梯施工图识读练习

1.1.4 实训教学时数分配

实训教学时数分配见表1-2。

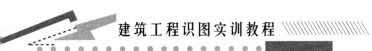

表 1-2　实训教学时数分配表

实践教学内容	具体任务	建议课时(理论＋实践)			授课类型
		总课时	理论课时	实践课时	
实训基础知识Ⅰ	1. 图纸幅面规格与图纸编排顺序	0.5	0.5		讲授、实训
	2. 图线与线型	0.5	0.5		
	3. 建筑模数及定位轴线	0.5	0.5		
	4. 尺寸标注	1	1		
	5. 常用建筑材料图例	0.5	0.5		
	6. 标高	1	1		
	7. 总平面图图例	0.5	0.5		
	8. 常用构造及配件图例	0.5	0.5		
	9. 水平及垂直运输装置图例	0.5	0.5		
	10. 常用构件代号	0.5	0.5		
	11. 钢筋的一般表示方法	1	1		
	12. 钢筋的简化表示方法	0.5	0.5		
实训基础知识Ⅱ	1. 视图认知	0.5	0.5		讲授、实训
	2. 剖面图认知	1	1		
	3. 断面图认知	0.5	0.5		
	4. 简化画法和规定画法认知	1	1		
	5. 轴测图认知	0.5	0.5		
建筑细部构造识读任务训练	1. 地基与基础识读	2	1	1	讲授、实训
	2. 墙体识读	2	1	1	
	3. 地坪层与楼地面识读	2	1	1	
	4. 楼梯识读	2	1	1	
	5. 屋顶识读	3	2	1	
	6. 门窗识读	2	1	1	
	7. 变形缝识读	2	1	1	
工业厂房识读任务训练	1. 基础认知	4	2	2	讲授、实训
	2. 基础梁认知				
	3. 柱认知				
	4. 起重机梁认知				
	5. 屋面梁和屋架认知				
	6. 屋面板认知				

实践教学内容	具体任务	建议课时(理论+实践)			授课类型
		总课时	理论课时	实践课时	
建筑施工图识读任务训练	1. 首页图识读	4	2	2	讲授、实训
	2. 建筑总平面图识读	6	3	3	
	3. 建筑平面图识读	4	2	2	
	4. 建筑立面图识读	4	2	2	
	5. 建筑剖面图识读	2	1	1	
	6. 建筑详图识读	2	1	1	
结构施工图识读任务训练	1. 结构总设计说明、基础施工图识读	6	3	3	讲授、实训
	2. 楼层结构平面图识读	4	2	2	
	3. 梁平面布置图识读	8	4	4	
	4. 屋架平面布置图、详图识读	4	2	2	
	5. 楼梯施工图识读	4	2	2	
合计课时		78 学时			

1.1.5 实训方式与考核方式

整个实训过程通过每一个具体任务展开教学，任务目标明确，采用任务驱动式、现场教学式、项目启发式等教学方法，"教学做"合一，理论与实践有机结合。实训形式根据任务要求不同而不同。实训过程采用师生都明确教学目标→教师讲解演示→学生分小组、分任务实践训练→教师辅导→学生自评→学生互评→教师点评→教师综合评定的模式。

本课程采用阶段性考核与终结性考核(期末考试)相结合的方式。总成绩为 100 分，及格为 60 分。阶段性考核成绩占总成绩的 40%；期末考试成绩占总成绩的 60%。

阶段性考核分阶段(期初、期中、期末)、分项目、分任务考核，包括学生自评、学生互评、教师评定三个部分。

1.1.6 课程标准说明

(1) 本课程标准是土建类专业"建筑构造与识图"课程的实训教学指导性文件，课程内容通过理论讲授、课堂实践、现场教学、综合训练等教学环节进行学习。

(2) 推荐参考书如下。

《建筑识图快速入门》(孙伟，机械工业出版社)。

《建筑识图与构造》(赵研，中国建筑工业出版社)。

《房屋建筑学》(王志清、王枝胜、张启香，北京理工大学出版社)。

《建筑识图综合实例解析》(孙伟、张美微、孙朋、尤立霞、宋艳飞，机械工业出版社)。

《混凝土结构施工图平面整体表示方法制图规则和构造详图(现浇混凝土框架、剪力墙、梁、板)》(11G101—1)图集。

《混凝土结构设计规范》（中华人民共和国住房和城乡建设部，中国建筑工业出版社）。

1.2 课程考核与评价标准

1.2.1 课程考核总体要求

考核标准以体现职业能力为核心，结合方法能力、社会能力考核。课程考核分阶段、分任务，分别从出勤率，课堂讨论，沟通能力，学生的知识点掌握程度，学生识读训练熟练程度及识读能力，实训成果答辩能力等方面考核，按照实训任务，针对平时成绩、训练完成质量和态度等制定了相应的考核要求。其目的是激发学生的自主学习性，培养其创新意识。

1.2.2 课程考核成绩评定

具体任务训练考核表，见表 1 - 3。

表 1 - 3 具体任务训练考核表

序号	学生姓名	考核方式	平时成绩(40%)		训练完成质量(50%)		权重	评分	答辩记录(10%)	成绩
			考勤	（10%）	学生的知识点掌握程度	（10%）				
			课堂讨论	（20%）	学生识读训练熟练程度	（30%）				
			沟通能力	（10%）	识读能力	（10%）				
	×××	学生自评					30%			
		学生互评					30%			
		教师评定					40%			

第 2 章

实训基础知识 I

⚙ **本章教学目标**

本章主要介绍《房屋建筑制图统一标准》（GB/T 50001—2010）、《建筑制图标准》（GB/T 50104—2010）、《建筑结构制图标准》（GB/T 50105—2010）中关于图纸幅面、图线与线型、建筑模数及定位轴线、常用建筑材料图例、尺寸标注、标高、常用构造及配件图例、水平及垂直运输装置图例、常用构件代号、钢筋的一般表示方法、钢筋的简化表示方法等的基本规定，并在学习过程中有机应用；了解绘图与识图的一般方法和不同线条的应用。

⚙ **本章教学要求**

知识要点	能力要求	权重
图纸幅面规格与图纸编排顺序、标题栏、图线线型和用途、建筑模数及定位轴线、尺寸标注的基本规则及标注方法	了解图纸幅面规格与图纸编排顺序、标题栏、建筑模数及定位轴线； 掌握各种线型图线宽度、主要用途和画法； 了解尺寸的组成与基本规定	50%
常用建筑材料图例、总平面图图例、常用构造及配件图例、水平及垂直运输装置图例	了解各材料图例、了解建筑材料的统一画法	20%
水平及垂直运输装置图例、常用构件代号、钢筋的一般表示方法、钢筋的简化表示方法	掌握水平及垂直运输装置图例、了解常用构件代号的规定、了解钢筋的一般表示方法及钢筋的简化表示方法	30%

建筑图纸是建筑设计和建筑施工中的重要技术资料,是交流技术思想的工程语言。为了使工程图样达到基本统一,便于生产和技术交流,绘制工程图样必须遵守统一的规定,这个在全国范围内的统一的规定就是国家制图标准。

2.1 图纸幅面规格与图纸编排顺序

国家标准管理机构依据国际标准化组织制定的国际标准,制定并颁布了各种工程图样的制图国家标准,简称"国标",代号"GB"。现行有关建筑制图的国家标准主要有:《房屋建筑制图统一标准》(GB/T 50001—2010)、《总图制图标准》(GB/T 50103—2010)、《建筑制图标准》(GB/T 50104—2010)、《建筑结构制图标准》(GB/T 50105—2010)、《给水排水制图标准》(GB/T 50106—2010)、《暖通空调制图标准》(GB/T 50114—2010)。这些标准由国家建设部会同有关部门编制,于 2010 年 8 月 18 日发布,自 2011 年 3 月 1 日起施行。国家制图标准是所有工程人员在设计、施工、管理中必须严格执行的国家法令,每个人必须严格遵守。

2.1.1 图纸幅面

图幅即图纸幅面的大小。为了使图纸整齐,便于保管和装订,《房屋建筑制图统一标准》(GB/T 50001—2010)对图纸的幅面作了统一的规定。所有的设计图纸的幅面必须符合国家标准的规定,见表 2-1。

表 2-1 幅面及图框尺寸   单位:mm

幅面代号 尺寸代号	A0	A1	A2	A3	A4
$b \times l$	841×1189	594×841	420×594	297×420	210×297
c		10			5
a			25		

注:表中 b 为幅面短边尺寸,l 为幅面长边尺寸,c 为图框线与幅面线间宽度,a 为图框线与装订边间宽度。

必要时允许加长 A0~A3 图纸幅面的长度,其加长部分应符合表 2-2 的规定。

表 2-2 图纸长边加长尺寸   单位:mm

幅面代号	长边尺寸	长边加长后的尺寸
A0	1189	1486(A0+1/4l) 1635(A0+3/8l) 1783(A0+1/2l) 1932(A0+5/8l) 2080(A0+3/4l) 2230(A0+7/8l) 2378(A0+ l)
A1	841	1051(A1+1/4l) 1261(A1+1/2l) 1471(A1+3/4l) 1682(A1+ l) 1892(A1+5/4l) 2102(A1+3/2l)

续表

幅面代号	长边尺寸	长边加长后的尺寸		
A2	594	743(A2+1/4*l*) 1189(A2+*l*) 1635(A2+7/4*l*) 2080(A2+5/2*l*)	891(A2+1/2*l*) 1338(A2+5/4*l*) 1783(A2+2*l*)	1041(A2+3/4*l*) 1486(A2+3/2*l*) 1932(A2+9/4*l*)
A3	420	630(A3+1/2*l*) 1261(A3+2*l*) 1892(A3+7/2*l*)	841(A3+*l*) 1471(A3+5/2*l*)	1051(A3+3/2*l*) 1682(A3+3*l*)

注：有特殊需要的图纸，可采用 $b\times l$ 为 841mm×891mm 与 1189mm×1261mm 的幅面。

　　图纸以短边作为垂直边称为横式，如图 2-1(a)、(b)所示；以短边作为水平边称为立式，如图 2-1(c)、(d)所示。一般 A0～A4 图纸宜横式使用，必要时也可立式使用。

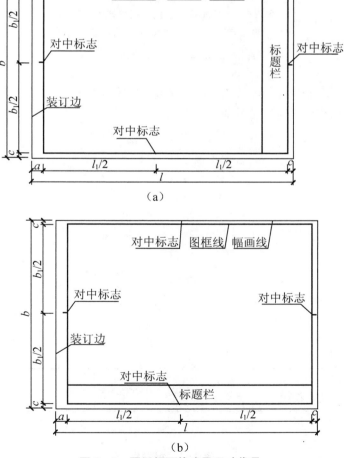

（a）

（b）

图 2-1　图纸幅面格式及尺寸代号

（a）A0～A3 横式幅面（一）；（b）A0～A4 横式幅面（二）；

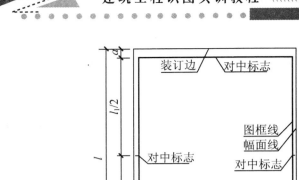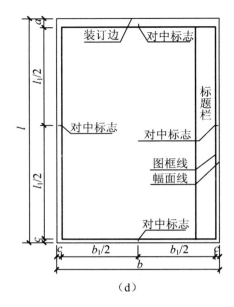

（c） （d）

图 2-1 图纸幅面格式及尺寸代号（续）

（c）A0～A3 立式幅面（一）；（d）A0～A4 立式幅面（二）

2.1.2 标题栏

根据工程的需要选择确定其尺寸、格式及分区。签字栏应包括实名列和签名列，并应符合下列规定，如图 2-2(a)、(b)所示。

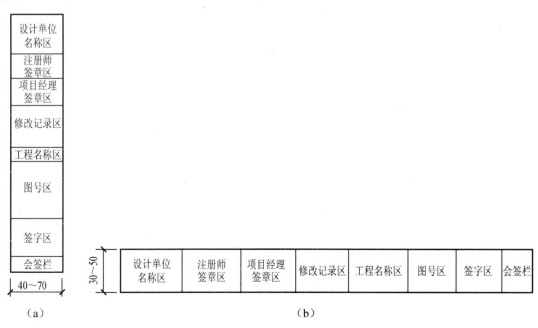

（a） （b）

图 2-2 标题栏

涉外工程的标题栏内，各项主要内容的中文下方应附有译文，设计单位的上方或左方，应加"中华人民共和国"字样。

2.2 图线与线型

2.2.1 图线宽度

画在图纸上的线条统称为图线。为了使图样主次分明、形象清晰，国家制图标准对此作了明确规定，图线的宽度 b，应根据图样的复杂程度与比例大小，宜从下列线宽系列中选取：1.4mm、1.0mm、0.7mm、0.5mm、0.35mm、0.25mm、0.18mm、0.13mm。建筑工程图样中各种线型分粗、中、细三种图线宽度。先选定基本线宽 b，再选用表2-3所示的相应线宽组。

表2-3 线宽组

单位：mm

线宽比	线　宽　组			
b	1.4	1.0	0.7	0.5
$0.7b$	1.0	0.7	0.5	0.35
$0.5b$	0.7	0.5	0.35	0.25
$0.25b$	0.35	0.25	0.18	0.13

注：1. 需要微缩的图纸，不宜采用 0.18mm 及更细的线宽。

2. 同一张图纸内，各不同线宽中的细线，可统一采用较细的线宽组的细线。

图纸的图框和标题栏线的宽度选用见表2-4。

表2-4 图框线、标题栏线的宽度

单位：mm

幅面代号	图框线	标题栏外框线	标题栏分格线、会签栏线
A0、A1	b	$0.5b$	$0.25b$
A2、A3、A4	b	$0.7b$	$0.35b$

2.2.2 图线线型和用途

建筑工程图样采用的各种线型、线宽及其主要用途，见表2-5。图2-3～图2-5是具体图线宽度示例的选用。

表2-5 图　线

名　称		线　型	线　宽	一般用途
实线	粗	——————————	b	主要可见轮廓线
	中粗	——————————	$0.7b$	可见轮廓线
	中	——————————	$0.5b$	可见轮廓线、尺寸线、变更云线
	细	——————————	$0.25b$	图例填充线、家具线
虚线	粗	▬ ▬ ▬ ▬ ▬ ▬	b	见各有关专业制图标准
	中粗	– – – – – – –	$0.7b$	不可见轮廓线

续表

名 称		线 型	线 宽	一般用途
虚线	中	- - - - - -	$0.5b$	不可见轮廓线、图例线
	细	- - - - - - - -	$0.25b$	图例填充线、家具线
单点长画线	粗	▬ - ▬ - ▬ - ▬	b	见各有关专业制图标准
	中	- · - · - · - ·	$0.5b$	见各有关专业制图标准
	细	- · - · - · - ·	$0.25b$	中心线、对称线、轴线等
双点长画线	粗	▬ · ▬ · ▬	b	见各有关专业制图标准
	中	- ·· - ·· -	$0.5b$	见各有关专业制图标准
	细	- ·· - ·· -	$0.25b$	假想轮廓线、成型前原始轮廓线
折断线	细	～	$0.25b$	断开界线
波浪线	细	～～～	$0.25b$	断开界线

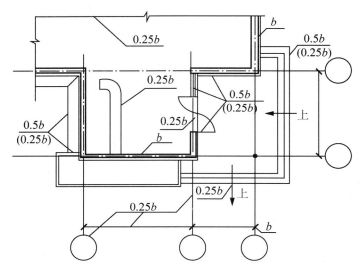

图2-3　平面图图线宽度选用示例

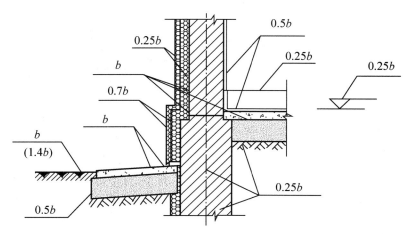

图2-4　墙身剖面图图线宽度选用示例

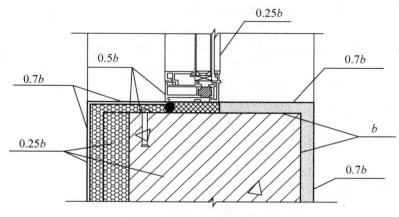

图 2-5　详图图线宽度选用示例

2.3　建筑模数及定位轴线

2.3.1　模数

为了使建筑设计、建筑构配件生产及施工等方面的尺寸统一协调，以加快设计速度，提高施工质量和效率，降低建筑造价，建筑设计应采用国家规定的建筑统一模数制。

建筑模数是选定的标准尺度单位，作为建筑物、建筑构配件、建筑制品以及有关设备尺寸相互协调的基础。

1. 基本模数

基本模数是模数协调中选用的基本尺寸单位。其数值定为 100mm，符号为 M(1M=100mm)。

2. 导出模数

模数协调选用的扩大模数和分模数叫导出模数。导出模数是基本模数的整倍数和分数。

(1) 扩大模数是基本模数的整数倍。水平扩大模数基数为 3M、6M、12M、15M、30M、60M，其相应的尺寸分别为 300mm、600mm、1200mm、1500mm、3000mm、6000mm。水平基本模数主要用于门窗洞口和构配件断面等处，幅度为 1～20M。水平扩大模数主要用于建筑物的开间或柱距、进深或跨度、构配件尺寸和门窗洞口尺寸，幅度 3M 为 1～75M；6M 为 6～96M；12m 为 12～120M；15M 为 15～120M；30M 为 30～360M；60m 为 60～360M，必要时幅度不限。竖向扩大模数基数为 3M 与 6M，其相应的尺寸分别为 300mm 和 600mm。竖向基本模数主要用于建筑物的层高，门窗洞口和构配件断面等处。

(2) 分模数是基本模数的分数值。分模数基数为 1/10M、1/5M、1/2M，其相应的尺寸为 10mm、20mm、50mm。分模数主要用于缝隙、构造结点、构配件断面等处。

基本模数、扩大模数和分模数构成了一个完整的模数系列，称作模数制。除特殊情况

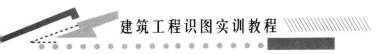

外，建筑中所有的尺寸都必须符合模数数列的规定，见表 2-6。

表 2-6　模数数列

基本模数	扩大模数							分模数		
1M	3M	6M	12M	15M	30M	60M	1/10M	1/5M	1/2M
100	300	600	1200	1500	3000	6000	10	20	50
100	300						10		
200	600	600					20	20	
300	900						30		
400	1200	1200	1200				40	40	
500	1500			1500			50		50
600	1800	1800					60	60	
700	2100						70		
800	2400	2400	2400				80	80	
900	2700						90		
1000	3000	3000		3000	3000		100	100	100
1100	3300						110		
1200	3600	3600	3600				120	120	
1300	3900						130		
1400	4200	4200					140	140	
1500	4500			4500			150		150
1600	4800	4800	4800				160	160	
1700	5100						170		
1800	5400						180	180	
1900	5700						190		
2000	6000	6000	6000	6000		6000	200	200	200
2100	6300							220	
2200	6600	6600						240	
2300	6900								250
2400	7200	7200	7200					260	
2500	7500							280	
2600		7800						300	300
2700		8400	8400		9000			320	
2800		9000						340	
2900		9600	9600						350

续表

基本模数	扩大模数						分模数		
1M	3M	6M	12M	15M	30M	60M	1/10M	1/5M	1/2M
3000								360	
3100			10800					380	
3200			12000	12000	12000	12000		400	400
3300					15000				450
3400					18000	18000			500
3500					21000				550
3600					24000	24000			600
					27000				650
					30000	30000			700
					33000				750
					36000	36000			800

3. 建筑设计和建筑模数协调中涉及的尺寸

在建筑设计和建筑模数协调中，涉及的尺寸有标志尺寸、构造尺寸和实际尺寸等几种。

（1）标志尺寸。一般指建筑物定位轴线之间的距离以及建筑构配件、建筑制品、有关设备位置界限之间的距离。

（2）构造尺寸。一般指建筑构配件、建筑组合件、建筑制品等的设计尺寸。通常，构造尺寸加上缝隙尺寸等于标志尺寸。

（3）实际尺寸。一般指建筑构配件、建筑组合件、建筑制品等生产制作后的实际尺寸。

2.3.2 定位轴线

建筑施工图中的定位轴线是确定建筑物主要承重构件位置的基准线，是施工定位、放线的重要依据。定位轴线应以细单点长划线绘制，一般应编号，编号应写在轴线端部的圆内。圆用细实线绘制，直径为 8～10mm，且定位轴线的圆心应在定位轴线的延长线上或延长线的折线上。

（1）平面图上定位轴线的编号，宜注写在图样的下方或左侧，横向的轴线编号应用阿拉伯数字，从左至右顺序编写，竖直方向的轴线编号应用大写拉丁字母，从下至上顺序编写，如图 2-6 所示。拉丁字母的 I、O、Z 不用做轴线编号。如字母数量不够使用，可增用双字母或单字母加数字注脚，如 AA、BA…YA 或 A1、B1…Y1。

（2）附加定位轴线的编号，以分数的形式表示，并应按下列规定编写。

① 两根轴线间的附加轴线，应以分母表示前一轴线的编号，分子表示附加轴线的编号，编号用阿拉伯数字顺序编写。如：

$\frac{1}{4}$ 表示 4 号轴线之后附加的第一根轴线；

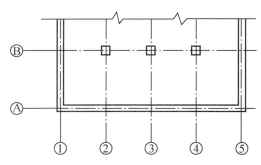

图 2-6　定位轴线的编号顺序

$\dfrac{2}{E}$ 表示 E 号轴线之后附加的第二根轴线。

② 1 号轴线或 A 号轴线之前的附加轴线的分母应以 01 或 0A 表示，如：

$\dfrac{2}{01}$ 表示 1 号轴线之前附加的第二根轴线；

$\dfrac{2}{0A}$ 表示 A 号轴线之前附加的第二根轴线。

（3）一个详图适用于几根轴线时，应同时注明各有关轴线的编号，如图 2-7 所示。通用详图中的定位轴线，应只画圆，不注写轴线编号。

用于2根轴线时　　　　　用于3根或3根以上轴线时　　用于3根以上连续编号的轴线时

图 2-7　详图的轴线编号

（4）如果建筑平面形状较特殊时，也可采用分区编号的形式来编注轴线，其方式为"分区号——该分区编号"，分区号采用阿拉伯数字或大写拉丁字母表示，如图 2-8 所示。

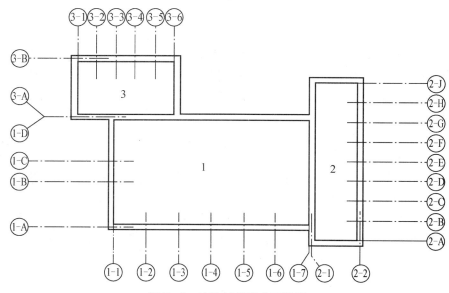

图 2-8　定位轴线的分区编号

（5）如果建筑平面为折线型时，定位轴线的编号也可用分区编注，亦可以自左向右依次编注，如图 2-9 所示。

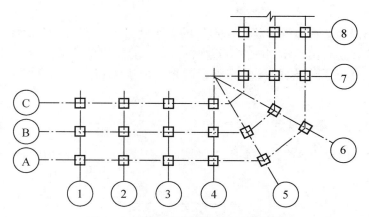

图 2-9 折线形平面定位轴线的编号

（6）如果建筑平面为圆形时，定位轴线则应以圆心为准成放射状依次编注，并以距圆心距离决定其另一方向轴线位置及编号，如图 2-10、图 2-11 所示。

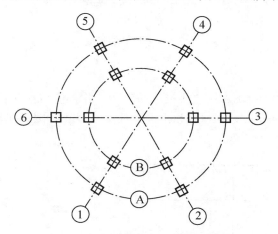

图 2-10 圆形平面定位轴线标注

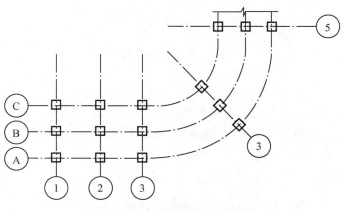

图 2-11 圆形平面定位轴线标注

2.4 尺寸标注

工程图样只能表达形体的形状,而形体的大小则必须依据图样上标注的尺寸来确定。因此,尺寸标注在整个图纸绘制中占有重要的地位,是施工的依据,应严格遵照国家标准中的有关规定,保证所标注的尺寸完整、清晰、准确无误,否则会给施工造成很大的损失。

2.4.1 尺寸的组成与基本规定

图样上的尺寸由尺寸界线、尺寸线、尺寸起止符号和尺寸数字四部分组成,如图2-12所示。

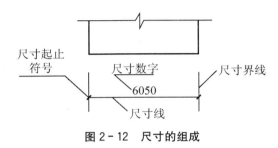

图2-12 尺寸的组成

1. 尺寸界线

尺寸界线用细实线绘制,表示被注尺寸的范围,并且应与被注长度垂直,其一端应离开图样轮廓线不小于2mm,另一端宜超出尺寸线2～3mm。图样轮廓线可用作尺寸界线,如图2-13所示。

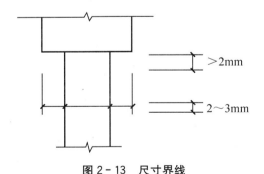

图2-13 尺寸界线

2. 尺寸线

尺寸线用细实线绘制,在图上表示各部位的实际尺寸,应与被注长度平行且不宜超出尺寸界线。尺寸线与图样最外轮廓线的间距不宜小于10mm,每道尺寸线之间的距离宜为7～10mm,并应保持一致,如图2-14所示。

3. 尺寸起止符号

尺寸起止符号用中粗斜短线绘制,其倾斜方向应与尺寸界线成顺时针45°角,高度宜为 2～3mm，半径、直径、角度与弧长的尺寸起止符号宜用箭头表示，如图 2-15 所示。

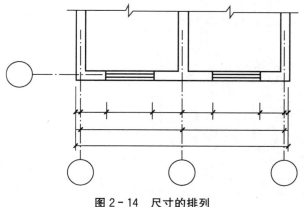

图 2-14　尺寸的排列　　　　　　　图 2-15　尺寸起止符号

4. 尺寸数字

尺寸数字表示被注尺寸的实际大小，应靠近尺寸线，平行标注在尺寸线中央位置。图样上的尺寸应以尺寸数字为准，不得从图上直接量取。图样上的尺寸单位，除标高及总平面图以米（m）为单位外，其他一律以毫米（mm）为单位，图样上的尺寸数字不再注写单位。同一张图样中，尺寸数字的大小应一致。水平尺寸要从左到右注在尺寸线上方，竖直尺寸要从下到上注在尺寸线左侧。其他方向的尺寸数字如图 2-16(a) 的形式注写，当尺寸数字位于 30°斜线区内时，宜按图 2-16(b) 的形式注写。

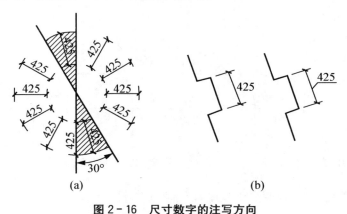

图 2-16　尺寸数字的注写方向

5. 尺寸的排列与布置

如果没有足够的位置注写，尺寸宜标注在图样轮廓线以外，不宜与图线、文字及符号等相交。不可避免时，应将数字处的图线断开，相互平行的尺寸线，应从图样轮廓线由内向外整齐排列，小尺寸在内，大尺寸在外；尺寸线与图样轮廓线之间的距离不宜小于10mm，尺寸线之间的距离为 7～10mm，并保持一致。若注写位置狭小，尺寸数字没有位置注写，最外边的尺寸数字可注写在尺寸界线的外侧，中间相邻的尺寸数字可错开注写，或用引出线引出后再进行标注，不能缩小数字大小。尺寸数字的注写如图 2-17(a)、(b)所示。

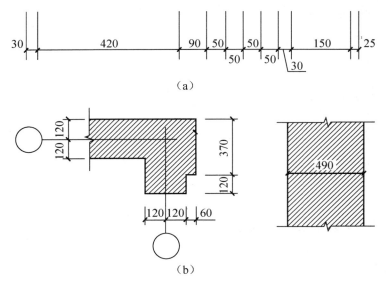

（a）

（b）

图 2-17　尺寸数字的注写

2.4.2　直径、半径、球的尺寸标注

（1）半径的尺寸线应一端从圆心开始，另一端画箭头指向圆弧。半径数字前应加注半径符号"R"，如图 2-18 所示。较小圆弧的半径，可按图 2-19 所示标注。

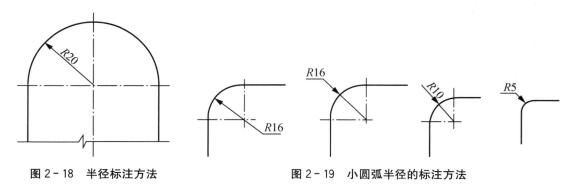

图 2-18　半径标注方法　　　　图 2-19　小圆弧半径的标注方法

（2）较大圆弧的半径，可按图 2-20 所示形式标注。

图 2-20　大圆弧半径的标注方法

（3）标注圆的直径尺寸时，直径数字前应加直径符号"φ"。在圆内标注的尺寸线应通过圆心，两端画箭头指至圆弧，可按图 2-21 所示形式标注。

（4）较小圆的直径尺寸可标注在圆外，可按如图 2-22 所示形式标注。

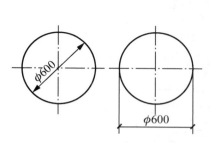

图 2-21　圆直径的标注方法

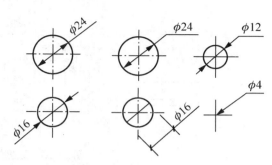

图 2-22　小圆直径的标注方法

（5）标注球的半径尺寸时，应在尺寸前加注符号"SR"。标注球的直径尺寸时，应在尺寸数字前加注符号"Sϕ"。注写方法与圆弧半径和圆直径的尺寸标注方法相同。

2.4.3　角度、弧长、弦长的尺寸标注

（1）角度的尺寸线画成圆弧，圆心应是角的顶点，角的两条边为尺寸界线，角度数字一律水平书写。起止符号应以箭头表示，如没有足够位置画箭头，可用圆点代替，如图 2-23（a）所示。

（2）标注圆弧的弧长时，尺寸线应以与该圆弧线同心的圆弧表示，尺寸界线应垂直于该圆弧的弦，用箭头表示起止符号，弧长数字的上方应加注圆弧符号"⌒"，如图 2-23（b）所示。

（3）标注圆弧的弦长时，尺寸线应以平行于该弦的直线表示，尺寸界线应垂直于该弦，起止符号用中粗斜短线表示，如图 2-23（c）所示。

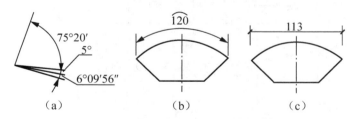

图 2-23　角度、弧长及弦长的尺寸标注

2.4.4　坡度、薄板厚度、正方形、非圆曲等的尺寸标注

（1）坡度可采用百分数或比例的形式标注。标注坡度（也称斜度）时，在坡度数字下，应加注坡度符号"←"（单面箭头），箭头应指向下坡方向，如图 2-24（a）、（b）所示。坡度也可用由斜边构成的直角三角形的对边与底边之比的形式标注，如图 2-24（c）所示。

（2）在薄板板面标注板厚尺寸时，应在表示的厚度数字前加注厚度符号"t"，如图 2-25 所示。

（3）标注正方形的尺寸，可用"边长×边长"的形式表示，也可在边长数字前加正方形符号"□"，如图 2-26 所示。

（4）外形为非圆曲线的构件，可用坐标形式标注尺寸，如图 2-27 所示。

（5）复杂的图形，可用网格形式标注尺寸，如图 2-28 所示。

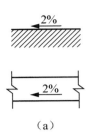 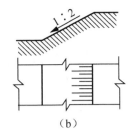 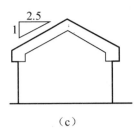

（a） （b） （c）

图2-24 坡度的尺寸标注

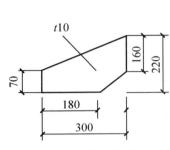

图2-25 薄板厚度的尺寸标注

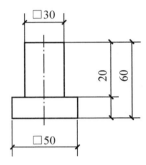

图2-26 标注正方形尺寸

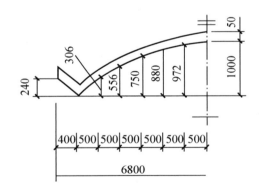

图2-27 坐标法标注曲线尺寸

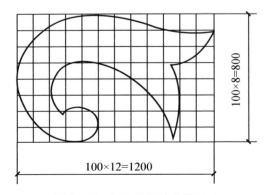

图2-28 网格法标注曲线尺寸

2.4.5　尺寸的简化标注

（1）对于较多相等间距的连续尺寸，可以标注成乘积形式，用"个数×等长尺寸＝总长"或"个数×等分＝总长"的形式标注，如图2-29所示。

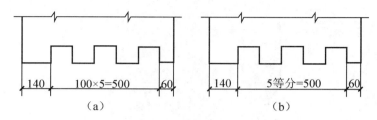

图2-29　等长尺寸简化标注

（2）对于钢筋、杆件、管线等单线图，可以将尺寸直接标注在杆件的一侧，无须画出尺寸界线、尺寸线和尺寸起止符号，如图2-30所示。

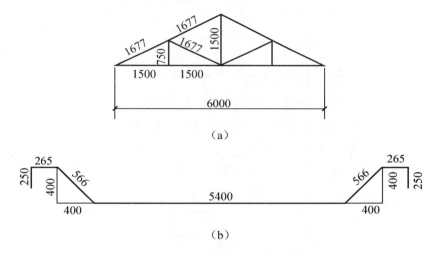

图2-30　单线图的尺寸标注方法

（3）构配件内具有诸多相同构造要素（如孔、槽等）时，可只标注其中一个要素的尺寸，如图2-31所示。

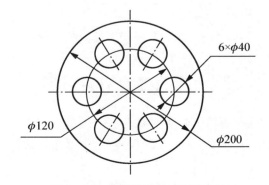

图2-31　相同要素尺寸标注方法

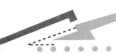

(4) 对称构配件可采用对称省略画法，该对称构配件的尺寸线应略超过对称符号，仅在尺寸线的一端画尺寸起止符号，尺寸数字应按整体全尺寸注写，其注写位置宜与对称符号对齐，如图2-32所示。

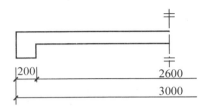

图2-32 对称构件的尺寸标注方法

(5) 两个构配件，如个别尺寸数字不同，可画在同一图样中，在同一图样中将其中一个构配件的不同尺寸数字注写在括号内，该构配件的名称也应注写在相应的括号内，如图2-33所示。

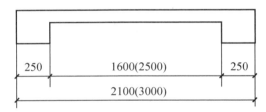

图2-33 相似构件的尺寸标注方法

(6) 数个构配件，如其图样样式相同仅某些尺寸不同，这些有变化的尺寸数字，可用拉丁字母注写在同一图样中，其具体尺寸另列表格写明，如图2-34所示。

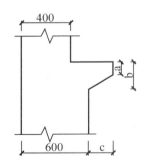

构件编号	a	b	c
z-1	200	200	200
z-2	250	450	200
z-3	200	450	250

图2-34 多个相似构件尺寸的列表标注

2.5 常用建筑材料图例

为简化作图，工程图样中采用各种图例表示所用的建筑材料，称为建筑材料图例，《房屋建筑制图统一标准》(GB/T 50001—2010)规定常用建筑材料应按表2-7所示的图例画法绘制。

表 2-7　常用建筑材料图例

序号	名　称	图　例	备　注
1	自然土壤		包括各种自然土壤
2	夯实土壤	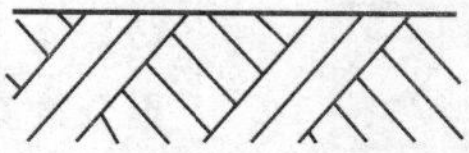	—
3	砂、灰土	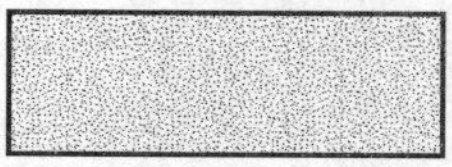	—
4	砂砾石、碎砖三合土	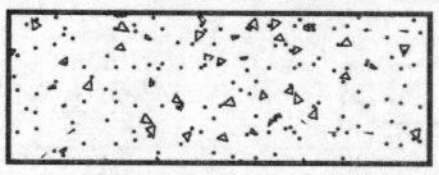	—
5	石材	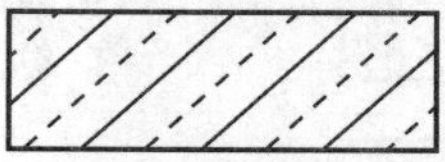	—
6	毛石		—
7	普通砖	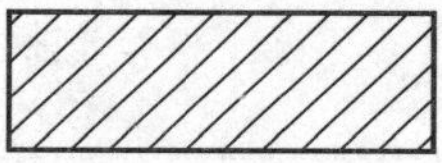	包括实心砖、多孔砖、砌块等砌体，断面较窄不易绘出图例线时，可涂红，并在图纸备注中加注说明，画出该材料图例
8	耐火砖	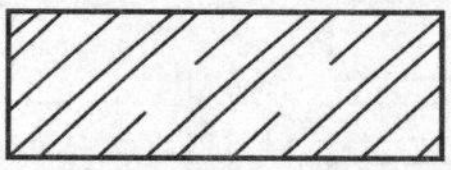	包括耐酸砖等砌体
9	空心砖	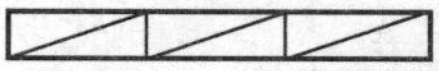	指非承重砖砌体
10	饰面砖		包括铺地砖、马赛克、陶瓷锦砖、人造大理石等
11	焦渣、矿渣	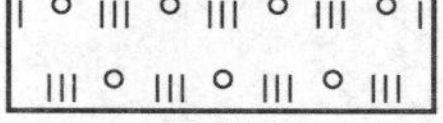	包括与水泥、石灰等混合而成的材料
12	混凝土	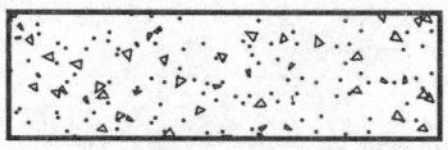	1. 本图例是指能承重的混凝土及钢筋混凝土 2. 包括各种强度等级、骨料、添加剂的混凝土 3. 在剖面图上画出钢筋时，不画图例线 4. 断面图形小，不易画出图例线时，可涂黑
13	钢筋混凝土	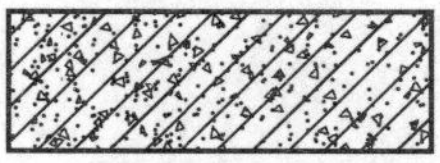	
14	多孔材料	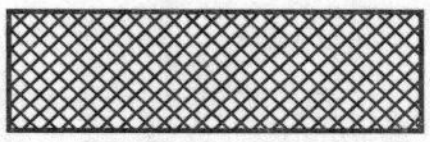	包括水泥珍珠岩、沥青珍珠岩、泡沫混凝土、非承重加气混凝土、软木、蛭石制品等

序号	名　　称	图　　例	备　　注
15	纤维材料	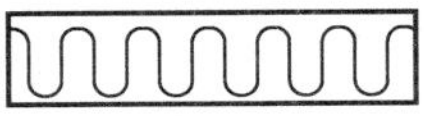	包括矿棉、岩棉、玻璃棉、麻丝、木丝板、纤维板等
16	泡沫塑料材料	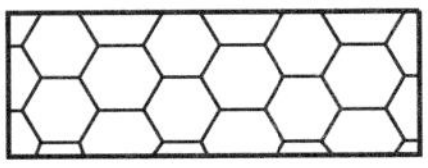	包括聚苯乙烯、聚乙烯、聚氨酯等多孔聚合物类材料
17	木材		1. 上图为横断面，上左图为垫木、木砖或木龙骨 2. 下图为纵断图
18	胶合板		应注明为×层胶合板
19	石膏板	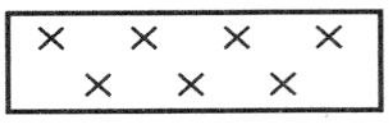	包括圆孔、方孔石膏板、防水石膏板、硅钙板、防火板等
20	金属	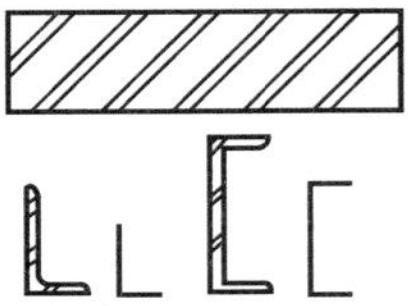	1. 包括各种金属 2. 图形小时，可涂黑
21	网状材料		1. 包括金属、塑料网状材料 2. 应注明具体材料名称
22	液体	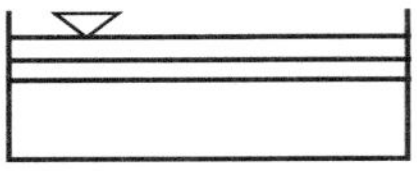	应注明具体液体名称
23	玻璃	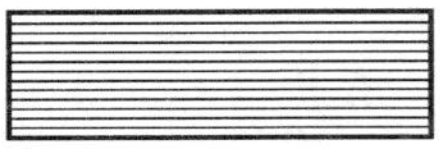	包括平板玻璃、磨砂玻璃、夹丝玻璃、钢化玻璃、中空玻璃、夹层玻璃、镀膜玻璃等
24	橡胶	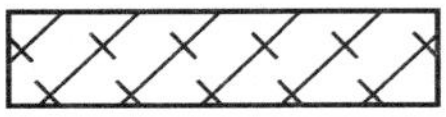	—
25	塑料	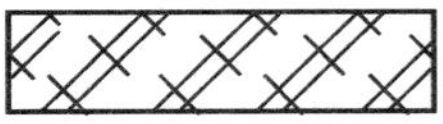	包括各种软、硬塑料及有机玻璃等
26	防水材料		构造层次多或比例大时，采用上图例
27	粉刷	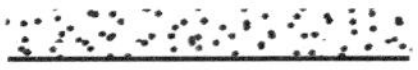	本图例采用较稀的点

注：序号 1、2、5、7、8、13、14、16、17、18 图例中的斜线、短斜线、交叉斜线等均为 45°。

2.6　标　　高

　　建筑物的某一部位与确定的水准基点之间的高差称为该部位的标高。在施工图中，建筑物的地面及主要部位的高度用标高表示。标高是标注建筑物高度的另一种尺寸形式，按基准面的不同分为相对标高和绝对标高。

1. 绝对标高（又称海拔高度）

以国家或地区统一规定的基准面作为零点的标高，称为绝对标高。我国规定以黄海平均海平面作为绝对标高的零点。

2. 相对标高

标高的基准面可以根据工程需要自由选定，称为相对标高。以个体建筑物的室内底层地面作为相对标高的零点（±0.000）。

3. 标高符号表示方法

标高符号常用高度为 3mm 的等腰直角三角形表示，用细实线绘制。其中总平面图室外地坪标高符号，采用全部涂黑的 45°等腰三角形表示，大小形状同标高符号。标高数字以"米"为单位，注写到小数点后三位，总平面图中可注写到小数点后两位，零点标高注写成±0.000，正数标高不注"＋"号，负数标高应注"－"号，如图 2-35、图 2-36所示。

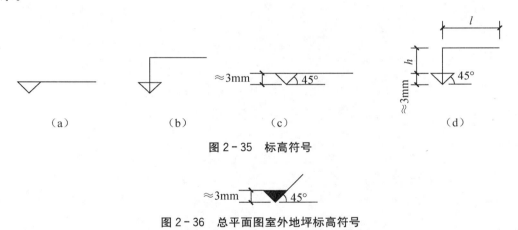

（a）　　　　　（b）　　　　　（c）　　　　　（d）

图 2-35　标高符号

图 2-36　总平面图室外地坪标高符号

标高符号尖端向下向上都有。标高数字注写在标高符号的左侧或右侧，如图 2-37 所示。在图样的同一位置需要表示几个不同的标高时，标高数字可按图 2-38 所示注写。

图 2-37　标高的指向　　　　　图 2-38　同一位置注写多个标高数字

2.7　总平面图图例

《总图制图标准》（GB/T 50103—2010)规定总平面图例应符合表 2-8。

建筑工程识图实训教程

表 2-8　总平面图例

序号	名　称	图　例	备　注
1	新建建筑物	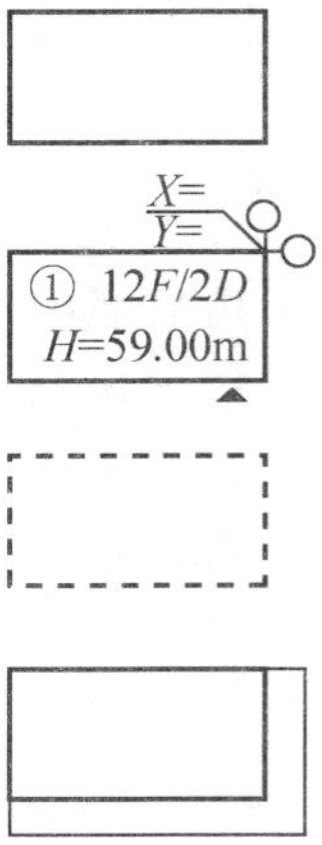 ① 12F/2D H=59.00m X= Y=	新建建筑物以粗实线表示与室外地坪相接处±0.00 外墙定位轮廓线。 建筑物一般以±0.00 高度处的外墙定位轴线交叉点坐标定位。轴线用细实线表示，并标明轴线号。 根据不同设计阶段标注建筑编号，地上、地下层数，建筑高度，建筑出入口位置(两种表示方法均可，但同一图纸采用一种表示方法)。 地下建筑物以粗虚线表示其轮廓。 建筑上部(±0.00 以上)外挑建筑用细实线表示。 建筑物上部连廊用细虚线表示并标注位置
2	原有建筑物		用细实线表示
3	计划扩建的预留地或建筑物		用中粗虚线表示
4	拆除的建筑物	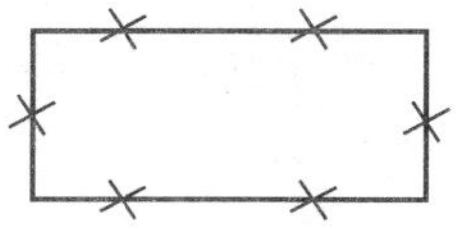	用细实线表示
5	建筑物下面的通道	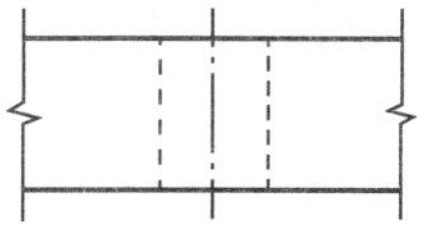	—
6	散状材料露天堆场		需要时可注明材料名称
7	其他材料露天堆场或露天作业场	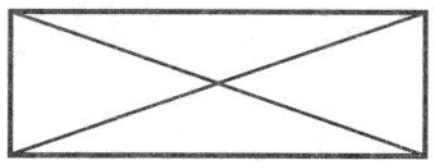	需要时可注明材料名称
8	铺砌场地	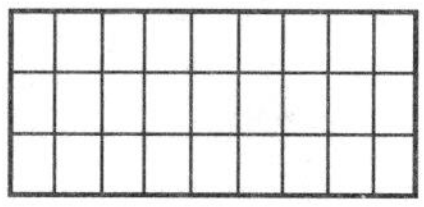	—

续表

序号	名　称	图　例	备　注
9	敞棚或敞廊	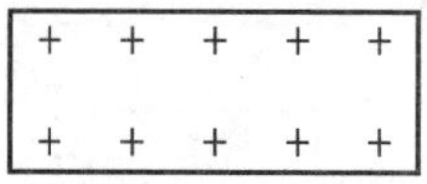	—
10	漏斗式储仓		左、右图为底卸式 中图为侧卸式
11	斜井或平硐	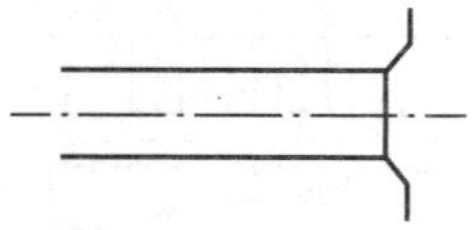	—
12	烟囱		实线为烟囱下部直径，虚线 为基础，必要时可注写烟囱高 度和上、下口直径
13	围墙及大门	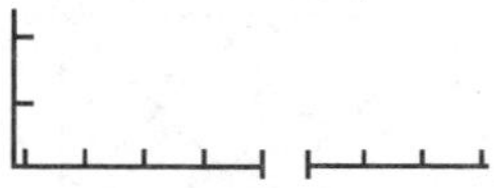	—
14	挡土墙	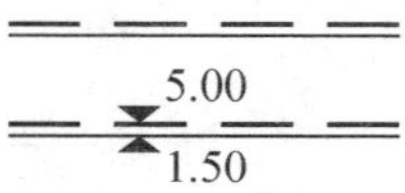 5.00 1.50	挡土墙根据不同设计阶段的需 要标注 墙顶标高 墙底标高
15	台阶及 无障碍坡道	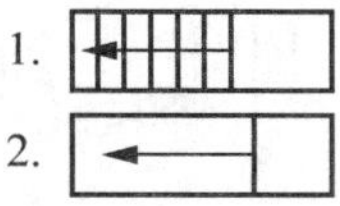 1. 2.	1. 表示台阶（级数仅为示意） 2. 表示无障碍坡道
16	斜坡 卷扬机道		—
17	坐标	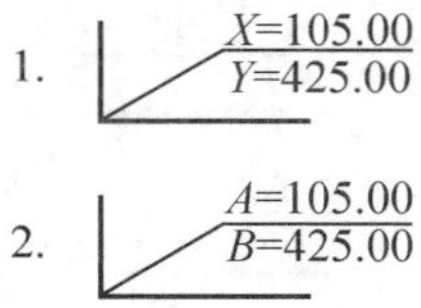 1. $X=105.00$ 　$Y=425.00$ 2. $A=105.00$ 　$B=425.00$	1. 表示地形测量坐标系 2. 表示自设坐标系 坐标数字平行于建筑标注
18	方格网 交叉点标高	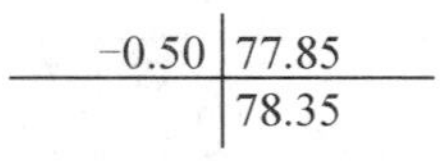 -0.50 │ 77.85 　　　　78.35	"78.35"为原地面标高 "77.85"为设计标高 "—0.50"为施工高度 "—"表示挖方（"+"表示填 方）
19	填方区、 挖方区、 未整平区 及零线	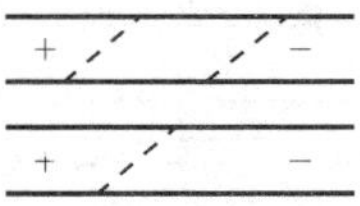 +　　— +　　—	"+"表示填方区 "—"表示挖方区 中间为未整平区 点画线为零点线
20	填挖边坡	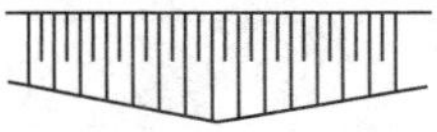	—

建筑工程识图实训教程

续表

序号	名　称	图　例	备　注
21	室内地坪标高	151.00 (±0.00)	数字平行于建筑物书写
22	室外地坪标高	143.00	室外标高也可采用等高线
23	盲道		—
24	地下车库入口		机动车停车场
25	地面露天停车场		—
26	露天机械停车场		露天机械停车场
27	新建的道路	0.30% 100.00 R=6.00 107.50	"R＝6.00"表示道路转弯半径；"107.50"为道路中心线交叉点设计标高，两种表示方式均可，同一图纸采用一种方式表示；"100.00"为变坡点之间距离，"0.30%"表示道路坡度，→表示坡向
28	道路断面	1. 2. 3. 4.	1. 为双坡立道牙 2. 为单坡立道牙 3. 为双坡平道牙 4. 为单坡平道牙
29	原有道路		—
30	计划扩建的道路		—
31	拆除的道路		—
32	人行道		—

序号	名　称	图　例	备　注
33	常绿针叶乔木	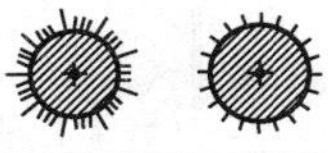	—
34	落叶针叶乔木	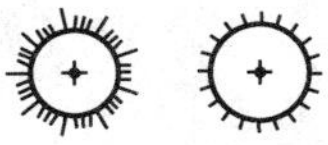	—
35	常绿阔叶乔木	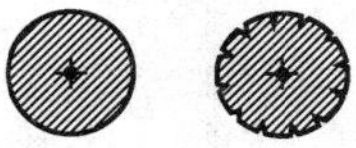	—
36	常绿阔叶灌木		—
37	落叶阔叶灌木		—

2.8 常用构造及配件图例

《建筑制图标准》(GB/T 50104—2010)规定了常用构造及配件的图例,见表2-9。

表2-9 常用的构造与配件图例

名称	图例	备注	名称	图例	备注
墙体	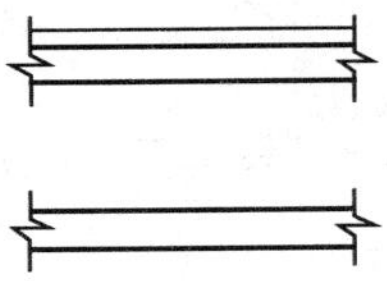	1. 上图为外墙,下图为内墙 2. 外墙细线表示有保温层或有幕墙 3. 应加注文字或涂色或图案填充表示各种材料的墙体 4. 在各层平面图中防火墙宜着重以特殊图案填充表示	隔断		1. 加注文字或涂色或图案填充表示各种材料的轻质隔断 2. 适用于到顶与不到顶隔断
玻璃幕墙		幕墙龙骨是否表示由项目设计决定	栏杆		—

名称	图例	备注	名称	图例	备注
楼梯	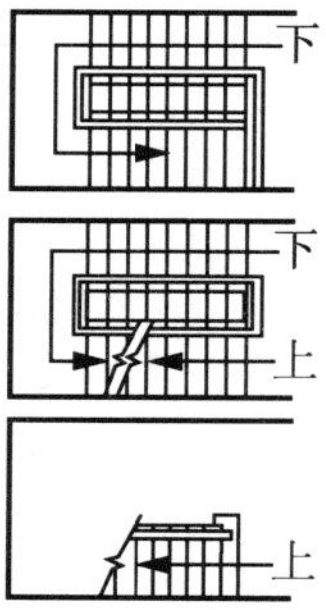	1. 上图为顶层楼梯平面，中图为中间层楼梯平面，下图为底层楼梯平面 2. 需设置靠墙扶手或中间扶手时，应在图中表示	新建的墙和窗		—
			改建时保留的墙和窗		只更换窗，应加粗窗的轮廓线
烟道	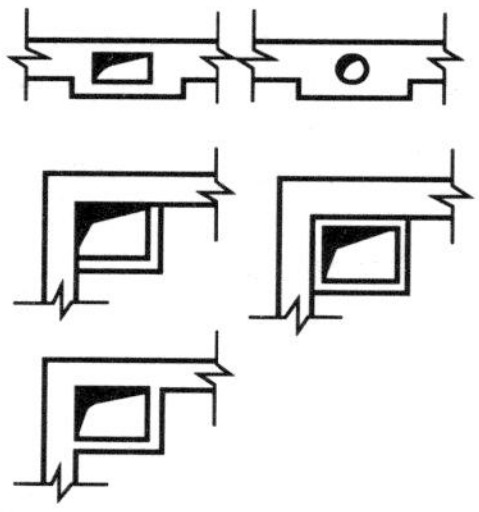	1. 阴影部分亦可填充灰度或涂色代替 2. 烟道、风道与墙体为相同材料，其相接处墙体线应连通 3. 烟道、风道根据需要增加不同材料的内衬	拆除的墙	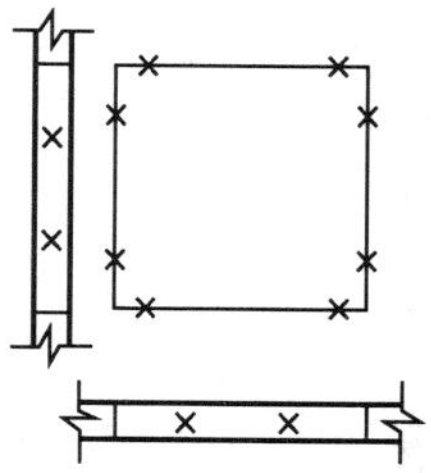	—
			内开平开内倾窗	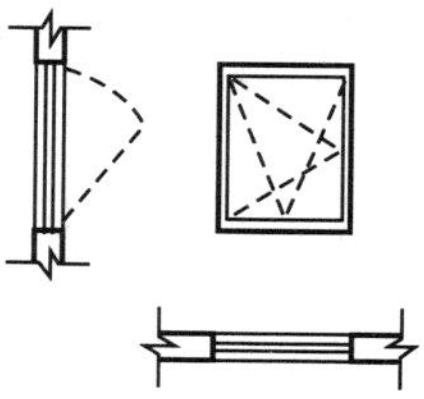	1. 窗的名称代号用C表示 2. 平面图中，下为外，上为内 3. 立面图中，开启线实线为外开，虚线为内开。开启线交角的一侧为安装合页一侧。开启线在建筑立面图中可不表示，在门窗立面大样图中需绘出
风道					
孔洞		阴影部分亦可填充灰度或涂色代替	单层外开平开窗	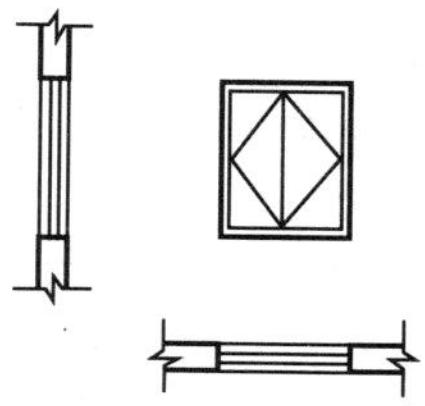	
检查口		左图为可见检查口，右图为不可见检查口			
坑槽					

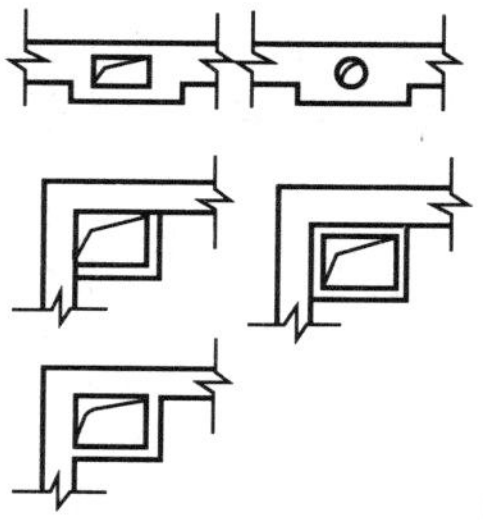

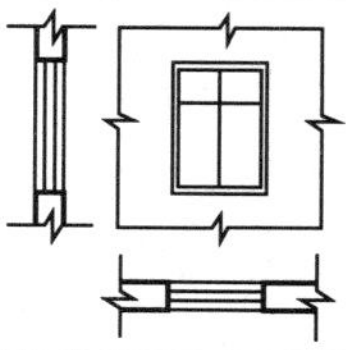

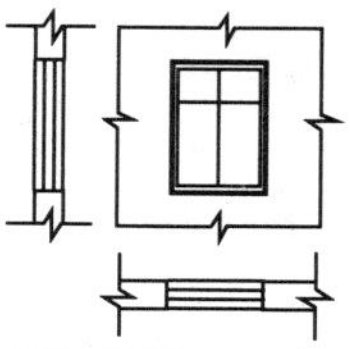

名称	图例	备注	名称	图例	备注
单面开启单扇门（包括平开或单面弹簧）	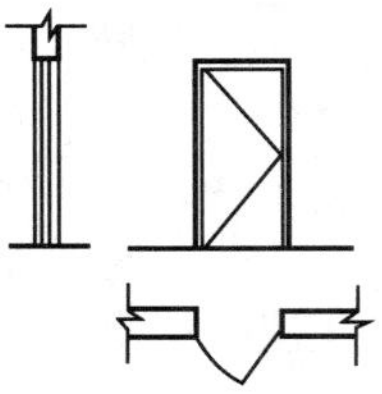	1. 门的名称代号用 M 表示 2. 平面图中，下为外、上为内门开启线为90°、60°或45°，开启弧线宜绘出 3. 立面图中，开启线实线为外开，虚线为内开开启线交角的一侧为安装合页一侧。开启线在建筑立面图中可不表示，在立面大样图中可根据需要绘出 4. 剖面图中，左为外，右为内 5. 附加纱窗应以文字说明，在平、立、剖面图中均不表示 6. 立面形式应按实际情况绘制	单层内开平开窗	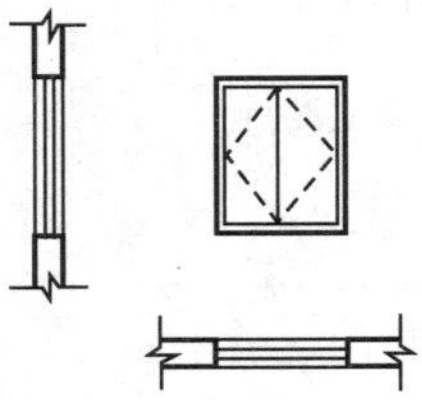	4. 剖面图中，左为外，右为内，虚线仅表示开启方向，项目设计不表示 5. 附加纱窗应以文字说明，在平、立、剖面图中均不表示 6. 立面形式应按实际情况绘制
双面开启单扇门（包括双面平开或双面弹簧）	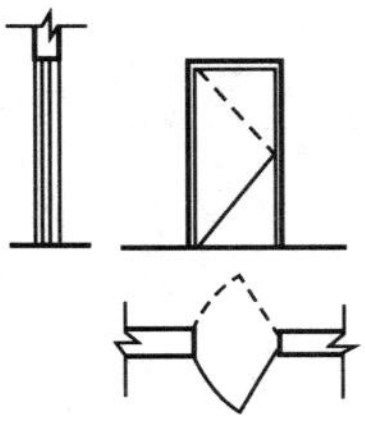		双层内外开平开窗	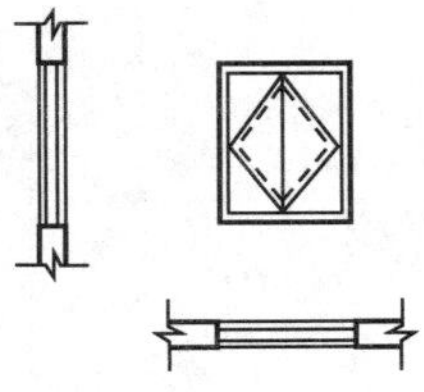	
双层单扇平开门	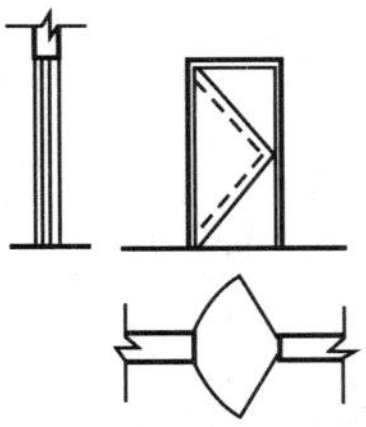				

2.9　水平及垂直运输装置图例

《建筑制图标准》（GB/T 50104—2010）规定了常用水平及垂直运输装置图例，见表 2-10。

表 2-10　水平及垂直运输装置图例

名称	图例	备注	名称	图例	备注
铁路	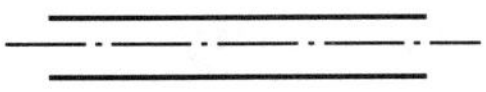	适用于标准轨及窄轨铁路，使用时应注明轨距	起重机轨道		—

续表

名称	图例	备注	名称	图例	备注
梁式悬挂起重机	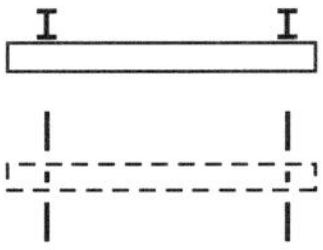 G_n=(t) S=(m)	1. 上图表示立面（或剖切面），下图表示平面 2. 手动或电动由设计注明 3. 需要时，可注明起重机的名称、行驶的范围及工作级别 4. 有无操纵室，应按实际情况绘制 5. 本图例的符号说明： G_n——起重机起重量，以吨（t）计算 S——起重机的跨度或臂长，以米（m）计算	桥式起重机	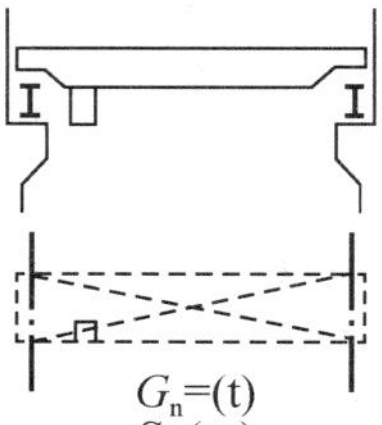 G_n=(t) S=(m)	1. 上图表示立面（或剖切面），下图表示平面 2. 有无操纵室，应按实际情况绘制 3. 需要时，可注明起重机的名称、行驶的范围及工作级别 4. 本图例的符号说明： G_n——起重机起重量以吨（t）计算 S——起重机的跨度或臂长，以米（m）计算
多支点悬挂起重机	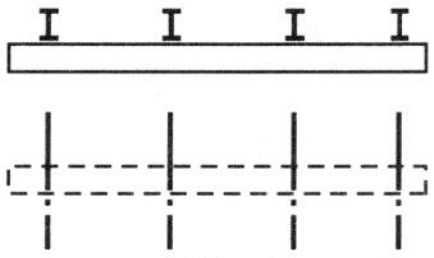 G_n=(t) S=(m)		龙门式起重机	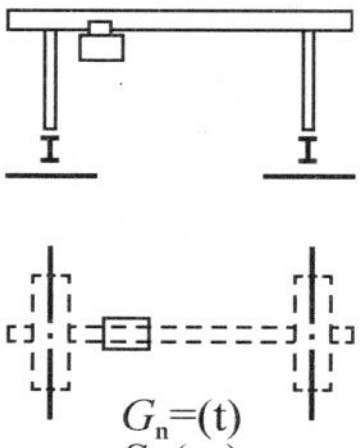 G_n=(t) S=(m)	
梁式起重机	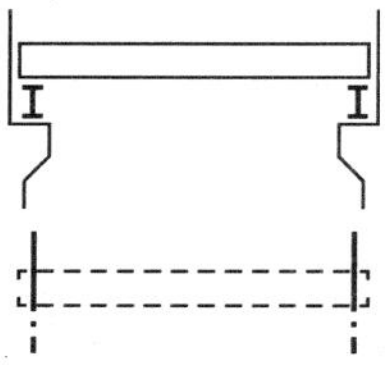 G_n=(t) S=(m)				
电梯	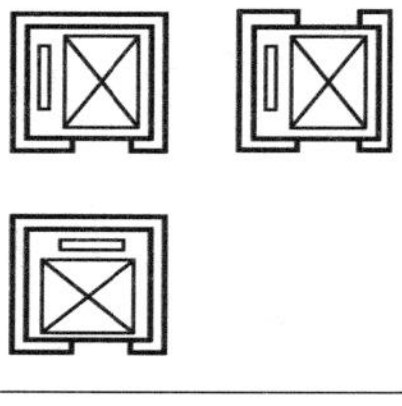	1. 电梯应注明类型，并按实际绘出门和平衡锤或导轨的位置 2. 其他类型电梯应参照本图例按实际情况绘制	自动扶梯	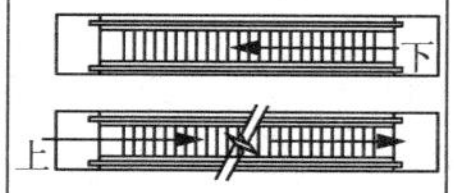	箭头方向为设计运行方向
杂物梯、食梯	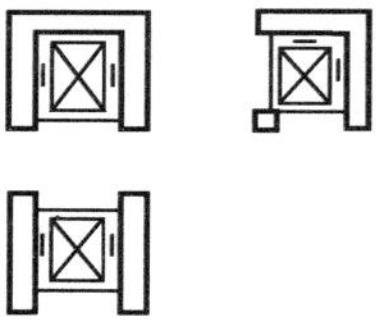		自动人行道		
传送带	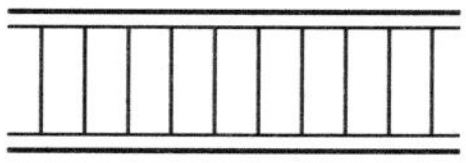	传送带的形式多种多样，项目设计图均按实际情况绘制，本图例仅为代表	自动人行坡道		箭头方向为设计运行方向

2.10 常用构件代号

结构构件的种类繁多，布置复杂，为了图示简明扼要，便于查阅、施工，在结构施工图中，常需要注明构件的名称。汉字表达不方便，要用"国标"规定的构件代号来表示。构件的代号通常以构件名称的汉语拼音第一个大写字母表示。常用结构构件的代号，见表2-11。

表2-11 常用构件代号

序号	名称	代码	序号	名称	代码	序号	名称	代码
1	板	B	15	吊车梁	DL	29	基础	J
2	屋面板	WB	16	圈梁	QL	30	设备基础	SJ
3	空心板	KB	17	过梁	GL	31	桩	ZH
4	槽形板	CB	18	连系梁	LL	32	柱间支撑	ZC
5	折板	ZB	19	基础梁	JL	33	垂直支撑	CC
6	密肋板	MB	20	楼梯梁	TL	34	水平支撑	SC
7	楼梯板	TB	21	檩条	LT	35	梯	T
8	盖板或沟盖板	GB	22	屋架	WJ	36	雨篷	YP
9	挡雨板或檐口板	YB	23	托架	TJ	37	阳台	YT
10	吊车安全走道板	DB	24	天窗架	CJ	38	梁垫	LD
11	墙板	QB	25	框架	KJ	39	预埋件	M
12	天沟板	TGB	26	刚架	GJ	40	天窗端壁	TD
13	梁	L	27	支架	ZJ	41	钢筋网	W
14	屋面梁	WL	28	柱	Z	42	钢筋骨架	G

注：1. 预制钢筋混凝土构件、现浇钢筋混凝土构件、钢构件和木构件，一般可直接采用本表中的构件代号。在设计中，当需要区别上述构件种类时，应在图纸中加以说明。

2. 预应力钢筋混凝土构件代号，应在构件代号前加注"Y-"，如Y-KB表示预应力钢筋混凝土空心板。

2.11 钢筋的一般表示方法

在结构施工图中，为了表达构件中的配筋情况，在配筋图中，钢筋用比构件轮廓线粗的单线画出，钢筋的横断面用粗黑圆点表示。钢筋的一般表示方法，见表2-12、表2-13。钢筋的配置图例，见表2-14。

表 2-12　普通钢筋的一般表示方法

序号	图　名	图　例	说　明
1	钢筋横断面	●	—
2	无弯钩的钢筋端部		下图表示长、短钢筋投影重叠时，短钢筋的端部用45°斜划线表示
3	带半圆形弯钩的钢筋端部		—
4	带半圆形弯钩的钢筋搭接		—
5	带直弯钩的钢筋端部		—
6	无弯钩的钢筋搭接		—
7	带直弯钩的钢筋搭接		—
8	带丝扣的钢筋端部		—

表 2-13　预应力钢筋的一般表示方法

序号	图　名	图　例
1	固定端锚具	
2	固定连接件	
3	后张法预应力钢筋断面 无粘结预应力钢筋断面	
4	预应力钢筋断面	
5	锚具的端视图	
6	可动连接件	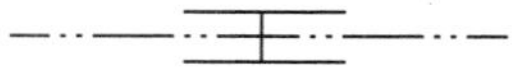
7	预应力钢筋或钢绞线	
8	张拉端锚具	

表 2-14　钢筋的配置

序号	说　明	图　例
1	在结构楼板中配置双层钢筋时，底层钢筋的弯钩应向上或向左，顶层钢筋的弯钩则向下或向右	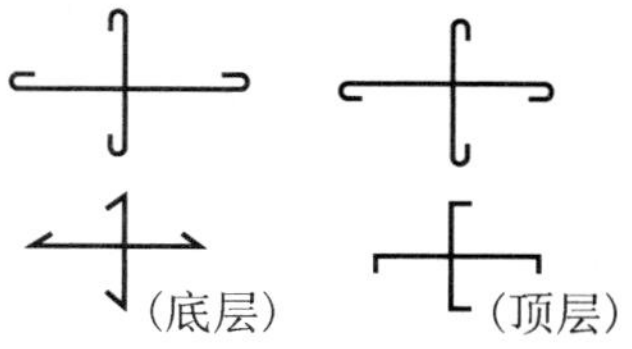 （底层）　（顶层）

续表

序号	说　　明	图　　例
2	钢筋混凝土墙体配双层钢筋时，在配筋立面图中，远面钢筋的弯钩应向上或向左而近面钢筋的弯钩向下或向右（JM近面，YM远面）	
3	若在断面图中不能表达清楚的钢筋布置，应在断面图外增加钢筋大样图（如：钢筋混凝土墙，楼梯等）	
4	图中所表示的箍筋、环筋等若布置复杂时，可加画钢筋大样及说明	
5	每组相同的钢筋、箍筋或环筋，可用一根粗实线表示，同时用一两端带斜短划线的横穿细线，表示其钢筋及起止范围	

（1）钢筋在平面、立面、剖（断）面中的表示方法应符合下列规定。

① 钢筋在平面图中的配置应按图2-39所示的方法表示。当钢筋标注的位置不够时，可采用引出线标注。引出线标注钢筋的斜短划线应为中实线或细实线。

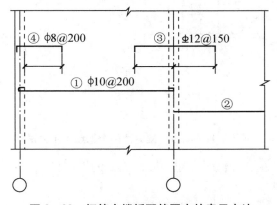

图2-39　钢筋在楼板配筋图中的表示方法

② 平面图中的钢筋配置较复杂时，可按图2-40所示的方法绘制。

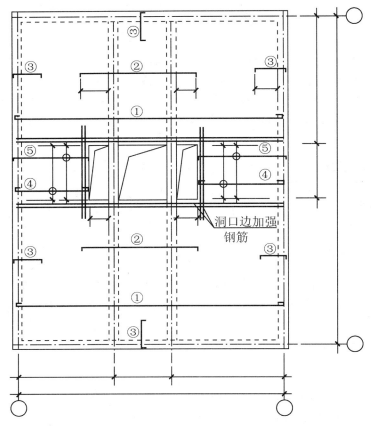

图 2-40 楼板配筋较复杂的表示方法

③ 钢筋在梁纵、横断面图中的配置，应按图 2-41 所示的方法表示。

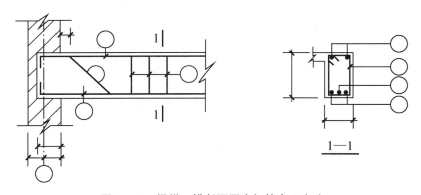

图 2-41 梁纵、横断面图中钢筋表示方法

（2）构件配筋图中箍筋的长度尺寸，应指箍筋的里皮尺寸。弯起钢筋的高度尺寸应指钢筋的外皮尺寸，如图 2-42 所示。

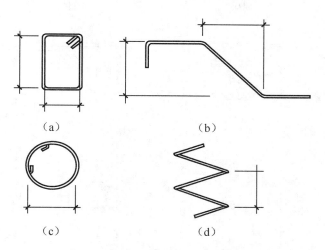

图 2-42　钢箍尺寸标注法

(a)箍筋尺寸标注图；(b)弯起钢筋尺寸标注图；(c)环形钢筋尺寸标注图；(d)螺旋钢筋尺寸标注图

2.12　钢筋的简化表示方法

（1）当构件对称时，钢筋网片可用 1/2 或 1/4 表示，如图 2-43 所示。

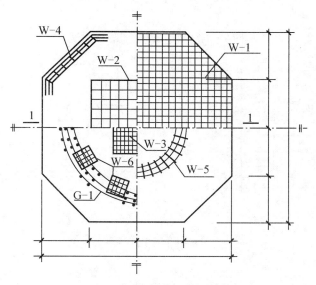

图 2-43　构件中钢筋简化表示方法

（2）对称的混凝土构件，可在同一图样中一半表示模板，另一半表示配筋，如图 2-44 所示。

（3）独立基础宜按如图 2-45(a)所示在平面模板图左下角，绘出波浪线，绘出钢筋并标注钢筋的直径、间距等。

（4）其他构件宜按如图 2-45(b)所示在某一部位绘出波浪线，绘出钢筋并标注钢筋的直径、间距等。

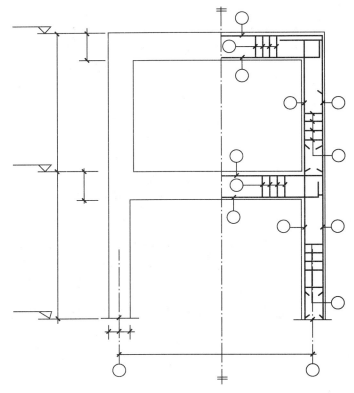

图 2-44　构件配筋简化表示方法

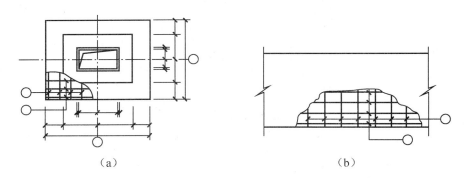

（a）　　　　　　　　　　　　　　（b）

图 2-45　构件配筋简化表示方法

本 章 小 结

　　本章重点介绍了《房屋建筑制图统一标准》（GB/T 50001—2010）、《总图制图标准》（GB/T 50103—2010）、《建筑制图标准》（GB/T 50104—2010）、《建筑结构制图标准》（GB/T 50105—2010）国家标注的基本规定。

　　（1）工程图样是交流技术思想的工具，是工程技术人员的共同语言，本章着重介绍了国家标准《房屋建筑制图统一标准》与《建筑结构制图标准》中的图线及画法、图纸幅面及格式、比例等标准中的部分规定，这些规定是制图中最基本的规定，在学习和工作中必须严格遵守。

（2）在尺寸标注中，应掌握标注尺寸的基本规则。尺寸的要素有尺寸线、尺寸界线、尺寸数字和符号，要特别注意尺寸数字的注写方位。掌握常见尺寸的标注方法。

技 能 考 核

（1）工程建设制图中的主要可见轮廓线应选用_____。

（2）图样上的尺寸包括_____、_____、_____、_____。

（3）标高有相对标高和_____，相对标高的零点是_____。

（4）建筑模数是选定的标准尺度单位，作为_____、_____、_____以及有关设备尺寸相互协调的基础。

（5）两根轴线间的附加轴线，应以_____表示前一轴线的编号，_____表示附加轴线的编号，编号用_____顺序编写。

知 识 延 伸

《房屋建筑制图统一标准》（GB/T 50001—2010）中有以下规定。

（1）总则。规定了本标准的适用范围。

（2）图纸幅面规格与图纸编排顺序。规定了图纸幅面的格式、尺寸的要求，标题栏的位置及图纸编排的顺序。

（3）图线。规定了图线的线型、线宽及用途。

（4）定位轴线。规定了定位轴线的绘制方法、编号、编写方法。

（5）常用建筑材料图例。规定了常用建筑材料的统一画法。

（6）尺寸标注。规定了标注尺寸的方法。

第 3 章

实训基础知识 II

　　建筑形体的表达通过绘制出的一系列的图样来说明建筑形体的内部和外部的结构。其表达的理论基础是投影方法及其规律。如一栋房子可以通过三面投影图来表达它的结构和形状。

3.1　视　　图

　　工程上把表达建筑形体的投影图称为视图。要在平面上表达一个建筑形体，可以设立三个投影面 V、H、W，用三面视图及尺寸标注就可以表达出建筑形体的形状、大小和结构。对于形体、结构复杂的，可以根据实际情况，选用国家制图标准中规定的多种表达方法。

3.1.1　投影法

　　房屋建筑的视图应按正投影法并用第一角画法绘制。自前方 A 投影应为正立面图，自上方 B 投影应为平面图，自左方 C 投影应为左侧立面图，自右方 D 投影应为右侧立面图，自下方 E 投影应为底面图，自后方 F 投影应为背立面图，如图3-1所示。

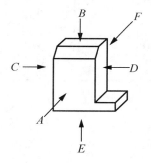

图 3-1　第一角画法

3.1.2　镜像投影

　　当视图用第一角画法绘制不易表达时，可用镜像投影法绘制，如图3-2(a)所示。但应在图名后注写"镜像"二字，如图3-2(b)所示，或按图3-2(c)画出镜像投影识别符号。

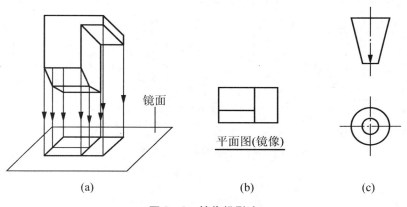

(a)　　　　　　　　　　(b)　　　　　　　　　(c)

图 3-2　镜像投影法

3.1.3 视图布置

1. 视图排列顺序

当在同一张图纸上绘制若干个视图时，各视图的位置宜按图 3-3 的顺序进行布置。

2. 视图图名标注

每个视图均应标注图名。各视图图名的命名，主要应包括平面图、立面图、剖面图或断面图、详图。同一种视图多个图的图名前加编号以示区分。平面图，以楼层编号，如地下二层平面图、地下一层平面图、首层平面图、二层平面图；立面图以该图两端头的轴线号编号；剖面图或断面图以剖切号编号；详图以索引号编号。图名宜标注在视图的下方或一侧，并在图名下用粗实线绘一条横线，其长度应以图名所占长度为准，如图 3-3 所示。使用详图作图名时，符号下不再画线。

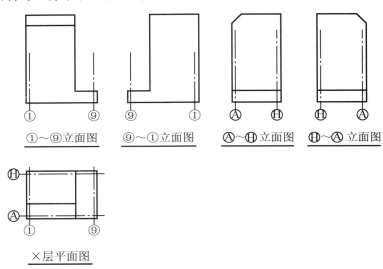

图 3-3　视图布置

3. 分区建筑平面图

分区绘制的建筑平面图，应绘制组合示意图，指出该区在建筑平面图中的位置。各分区视图的分区部位及编号均应一致，并应与组合示意图一致，如图 3-4 所示。

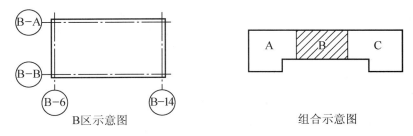

图 3-4　分区绘制建筑平面图

3.2　剖　面　图

3.2.1　剖面图的形成

在工程制图中，为了能较好地反映形体内部的构造、材料和尺寸，人们常采用能反映内部投影的剖面图或断面图，以满足工程建设的需要。以某台阶剖面图来说明剖面图的形成，如假想用一平行于 W 面的剖切平面 P 剖切此台阶，如图 3-5(a)所示，并移走左半部分，将剩下的右半部分向 W 面投射，即可得到该台阶的剖面图，如图 3-5(b)所示。为了在剖面图上明显地表示出形体的内部形状，根据规定，在剖切断面上应画出建筑材料符号，以区分断面(剖到的)与非断面(未剖到的)，当不需指明材料时，可以用平行且等距的45°细斜线来表示断面。《房屋建筑制图统一标准》(GB/T 50001—2010)，《建筑制图标准》(GB/T 50104—2010)等规定了剖面图的画法。

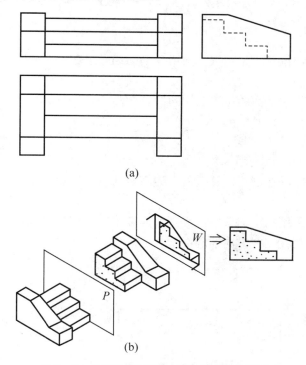

(a)

(b)

图 3-5　台阶的三视图、台阶剖面图的形成

为了清晰表达内部结构，假想用一个剖切面将形体剖切开，移去剖切面与观察者之间的部分，如图 3-6(a)所示。对剩余部分所作的正投影图叫做剖面图，如图 3-6(b)所示。

3.2.2　剖面图的表达

1. 确定剖切位置

作形体的剖面图，首先应确定剖切平面的位置，使剖切后得到的剖面图清晰反映实形，便于理解内部的构造组成，并对剖切形体来说应具有足够的代表性。

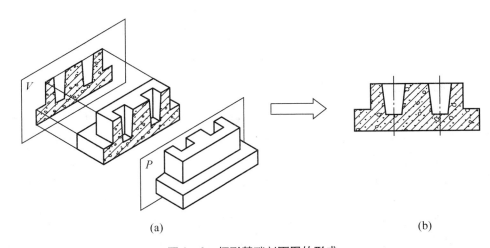

(a)

(b)

图 3-6 杯形基础剖面图的形成

(a)假想用剖切平面 P 剖开基础并向 V 面进行投影；(b)基础的 V 向剖面图

2. 剖切符号

剖切符号是由剖切位置线、剖视方向线及剖面编号组成的，如图 3-7 所示。

1）剖切位置线

剖切位置线表示剖切平面的位置。用两段长度为 6~10mm 的粗实线表示(其延长线为剖切平面的积聚投影)。

2）剖视方向线

剖视方向线是 4~6mm 的粗实线表示，剖切方向线与剖切位置线垂直相交，剖切方向线表示了投影方向，如画在剖切位置线的右边表示向右进行投影。

3）编号

剖切符号的编号采用阿拉伯数字从小到大连续编写，按从左到右、由上到下的顺序在图上进行编写，并注写在剖视方向线的端部。

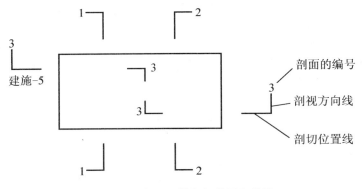

图 3-7 剖面图的剖切符号和编号

3. 剖面图的表示方法

在剖面图中，与剖切平面相接触的部分，其轮廓线为粗实线，里面填画相应的材料图例，未剖到而只是看到的部分用中实线表示，如图 3-8 所示。

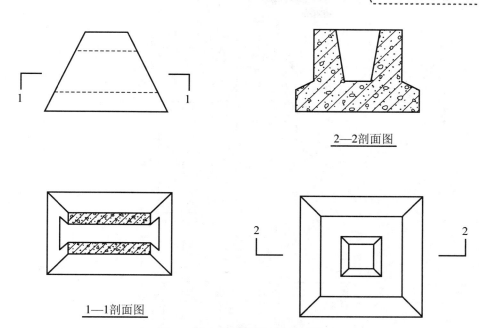

2—2剖面图

1—1剖面图

图3-8　用剖面图表示的投影图

3.2.3　剖面图的种类

由于物体内部形状变化较复杂，为了更清楚地表达其内部的形状。常选用不同数量、不同位置的剖切平面来剖切物体，常用的剖面剖切方法有全剖、半剖、局部剖、分层剖、阶梯剖和旋转（展开）剖等。

1. 全剖面图

假想用一个剖切平面将形体全部剖开后所得到的剖面图，称为全剖面图（简称全剖）。如图3-9所示的1—1剖面图、2—2剖面图、3—3剖面图，即为全剖面图。全剖面图适用于内部形体较复杂，且图形又不对称的形体；或者图形虽然对称，但外部形状比较简单的形体，也常用全剖面图表示，如图3-10所示。

2. 半剖面图

当形体具有对称平面时，在垂直于对称平面的投影面上的投影，可以以中心线为界，一半画成剖面，另一半画成视图，这种组合的图形称为半剖面图。

图3-11所示的形体为一壳体基础。外部形态中有圆锥面和四棱柱表面的相贯线。内部为孔等结构。为了把形体的外部和内部结构都表达清楚。正面投影和侧面投影都采用了半剖面图。

在正面投影上的半剖面图是沿与左右对称面垂直的前后对称面进行剖切得到的。左半部分表达了壳体的外部形态，右半部分表达了壳体的内部结构。侧面投影上的半剖面图是沿与前后对称面垂直的左右对称面剖切后得到的。前半部分表达了内部结构，后半部分表达了外部形态。半剖面图的标注方法与全剖面图完全相同。

3. 局部剖面图

用剖切平面局部剖开形体所得的剖面图称为局部剖面图，简称局部剖。图3-12所

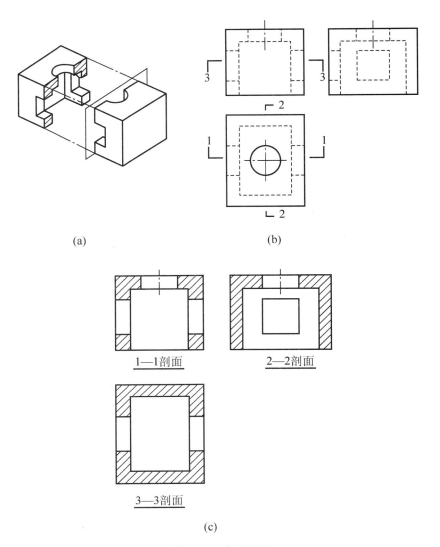

(a)　　　　　　　　　　　　　(b)

1—1剖面　　　　　　　2—2剖面

3—3剖面

(c)

图 3-9　全剖面图

（a）形体的剖切；（b）形体的三面投影图；（c）形体的全剖面图

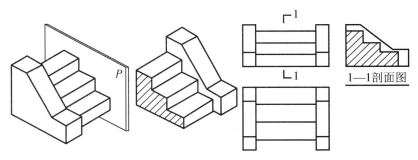

图 3-10　台阶的全剖面图

示为一钢筋混凝土杯形基础，为了表示其内部钢筋的配置情况，平面图采用了局部剖面，局部剖切的部分画出了杯形基础的内部结构和截面材料图例，其余部分仍画外形视图。

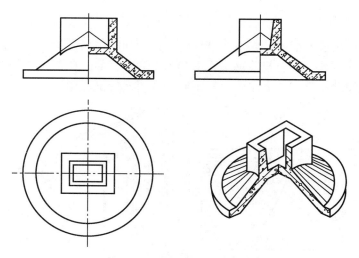

图 3-11 壳体基础的半剖面图

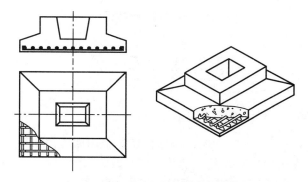

图 3-12 杯形基础的局部剖面图

4. 阶梯剖面图

有些形体内部层数较多，其轴线又不在同一平面上，要把这些结构形体都表达出来，需要用两个或两个以上互相平行的剖切面相切。这种用两个或两个以上互相平行的剖切平面对形体进行剖切，然后将各剖切平面所剖到的形状同时画在一个剖面图中，所得到的剖面图称为阶梯剖面图，如图 3-13 所示。

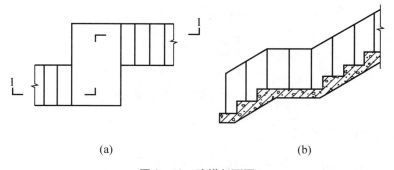

(a)   (b)

图 3-13 阶梯剖面图
(a)水平投影图；(b)1—1 剖面图

5. 分层剖切剖面图

将形体按层次用波浪线隔开，进行剖切，所得剖面图称为分层剖切剖面图，其中波浪线不应与任何图线重合。在建筑装饰工程中，为了表示楼面、屋面、墙面及地面等的构造和所用材料，常用分层剖切的方法画出各不同构造层次的剖面图，如图 3-14 所示。

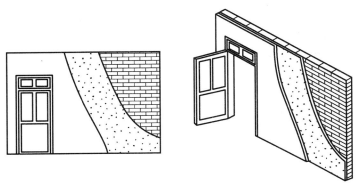

图 3-14　分层剖面图

3.3　断　面　图

3.3.1　断面图的形成

当剖切面剖切形体后，只表达被剖切面剖到部分的图形叫做断面图，简称断面。对于某些单一杆件或需要表示构件某一部位的截面形状时，可以只画出形体与剖切平面相交的那部分断面图。如图 3-15 所示为钢筋混凝土梁的断面图。

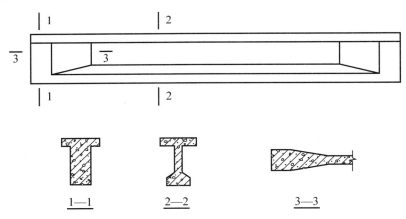

图 3-15　钢筋混凝土梁的断面图

3.3.2　断面图的标注方法

（1）用剖切位置线表示剖切平面的位置，用长度为 6～10mm 的粗实线绘制。

（2）在剖切位置线的一侧标注剖切符号编号，编号所在的一侧表示该断面剖切后的投影方向。

（3）在断面图下方标注断面图的名称，如×—×，并在图名下画一粗实线，长度以图名所占长度为准。如图3-16所示为牛腿柱的断面图。

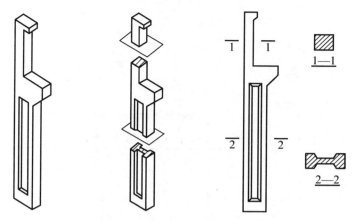

图3-16　牛腿柱的断面图

断面图的标注与剖面图相似，只是去掉了剖视方向线，用数字的位置来表示投影方向。图3-17所示是表示向右投影。

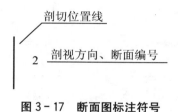

图3-17　断面图标注符号

3.3.3　断面图的种类

1. 移出断面

杆件的断面图可绘制在靠近杆件的一侧或端部处，并按顺序依次排列，如图3-18中的1—1断面图所示；也可绘制在杆件的中断处，如图3-18中的2—2断面图所示。

2. 重合断面图

将剖切而得到的断面图画在剖切处与投影图重合，称为重合断面图。重合断面图不必标注剖切位置线及编号。当投影图的轮廓线为粗实线时，重合断面的轮廓线就用细实线画出，如果投影图的轮廓线为细实线时，重合断面的轮廓线可用粗实线画出。如图3-19所示为断面图画在布置图上。

3. 中断断面图

绘制在投影图轮廓线中断处的断面图，称为中断断面图，如图3-20所示。中断断面图不必标注剖切位置线及编号。这种断面图只适用于杆件较长、断面形状单一且对称的构件。图3-21是钢屋架的中断断面图。中断断面的轮廓线用粗实线，断开位置线可为波浪线、折断线等，但必须为细线。

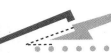
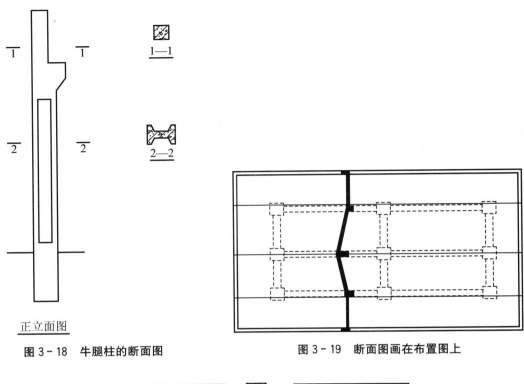

正立面图

图 3-18　牛腿柱的断面图

图 3-19　断面图画在布置图上

图 3-20　槽钢的中断断面

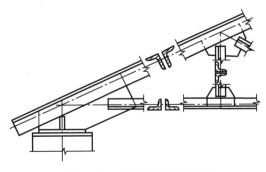

图 3-21　钢屋架的中断断面

3.3.4　断面图与剖面图的区别

1. 相同点

断面图与剖面图都是用剖切平面剖切形体后得到的投影图。

2. 不同点

（1）断面图只画出形体被剖切后剖切平面与形体接触的那部分，即只画出截断面的图形，而剖面图则画出被剖切后剩余部分的投影，如图 3-22 所示。

（2）断面图和剖面图的符号也有不同，断面图的剖切符号只画长度 6～10mm 的粗实线作为剖切位置线，不画剖视方向线，编号写在投影方向的一侧。

（3）剖切情况不同。剖面图可采用多个平行剖切平面，也可转折绘制成阶梯剖面图，来表达形体内部的形状和结构；而断面图则不能，它只反映单一剖切平面的断面特征。

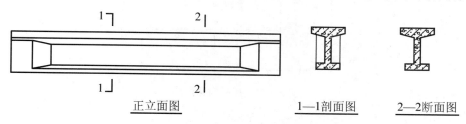

正立面图　　　　　1—1剖面图　　2—2断面图

图 3-22　断面图与剖面图的区别

3.4　简化画法和规定画法

为了简化制图与提高效率，国家标准规定了一些简化画法。掌握技术图样的简化画法，可以加快读图进程，下面对其中的部分简化画法进行介绍。

3.4.1　对称形体的简化画法

构配件的视图有一条对称线，可只画该视图的一半；视图有两条对称线时，可只画该视图的 1/4，并画出对称符号，如图 3-23(a)、(b)所示。图形也可稍超出其对称线，此时可不画对称符号，如图 3-23(c)所示。对称的形体需画剖面图或断面图时，可以对称符号为界，一半画视图(外形图)，一半画剖面图或断面图，如图 3-23(d)所示。

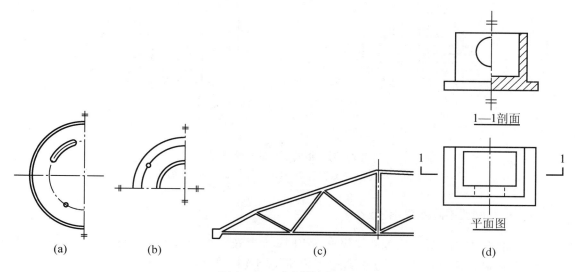

图 3-23　对称的简化画法
(a)画出对称符号；(b)画出对称符号；(c)不画出对称符号；
(d)一半画视图，一半画剖面图

3.4.2 折断简化画法

较长的构件，当沿长度方向的形状相同或按一定规律变化，可断开省略绘制，断开处应以折断线表示，如图 3 - 24 所示。

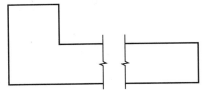

图 3 - 24 折断简化画法

3.4.3 相同要素简化画法

构配件内多个完全相同而连续排列的构造要素，可仅在两端或适当位置画出其完整形状，其余部分以中心线或中心线交点表示，如图 3 - 25(a) 所示。

当相同构造要素少于中心线交点，则其余部分应在相同构造要素位置的中心线交点处用小圆点表示，如图 3 - 25(b) 所示。

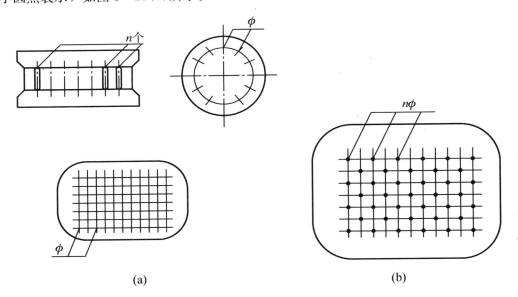

(a)   (b)

图 3 - 25 相同要素的省略画法
(a)以中心线表示其余部分；(b)以小圆点表示其余部分

3.4.4 构件局部不同的简化画法

一个构配件如与另一构配件仅部分不相同，该构配件可只画不同部分，但应在两个构配件的相同部分与不同部分的分界线处，分别绘制连接符号，如图 3 - 26 所示。

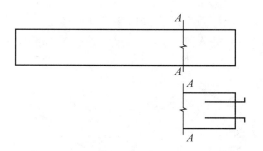

图 3 - 26　构件局部不同的简化画法

3.5　轴　测　图

3.5.1　正等测的画法

房屋建筑的轴测图，如图 3 - 27 所示。宜采用正等测投影并用简化轴伸缩系数绘制。

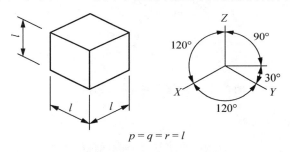

$$p = q = r = l$$

图 3 - 27　正等测的画法

3.5.2　轴测剖面图的图例规定

轴测图的可见轮廓线宜用中实线绘制，断面轮廓线宜用粗实线绘制。不可见轮廓线不绘出，必要时，可用细虚线绘出所需部分。

轴测图的断面上应画出其材料图例线，图例线应按其断面所在坐标面的轴测方向绘制。如以 45°斜线为材料图例线时，应按如图 3 - 28 所示的规定绘制。

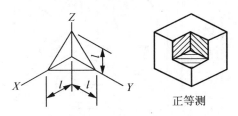

正等测

图 3 - 28　轴测图断面图例线画法

3.5.3　轴测图的尺寸标注

1. 轴测图线性尺寸的标注方法

轴测图线性尺寸，应标注在各自所在的坐标面内，尺寸线应与被注长度平行，尺寸界线应平行于相应的轴测轴，尺寸数字的方向应平行于尺寸线，如出现字头向下倾斜时，应将尺寸线断开，在尺寸线断开处水平方向注写尺寸数字。轴测图的尺寸起止符号宜用小圆点，如图 3-29 所示。

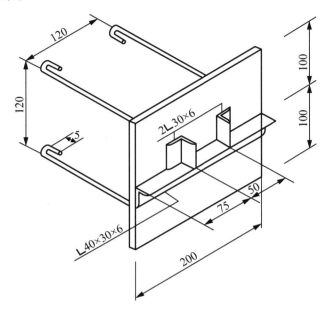

图 3-29　轴测图线性尺寸的标注方法

2. 轴测图圆直径标注方法

　　轴测图中的圆径尺寸，应标注在圆所在的坐标面内；尺寸线与尺寸界线应分别平行于各自的轴测轴。圆弧半径和小圆直径尺寸也可引出标注，但尺寸数字应注写在平行于轴测轴的引出线上，如图 3-30 所示。

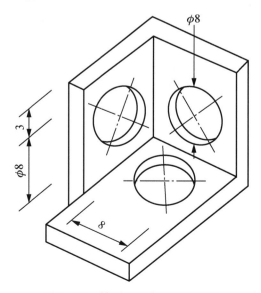

图 3-30　轴测图圆直径标注方法

3. 轴测图角度的标注方法

轴测图的角度尺寸，应标注在该角所在的坐标面内，尺寸线应画成相应的椭圆弧或圆弧。尺寸数字应水平方向注写，如图 3-31 所示。

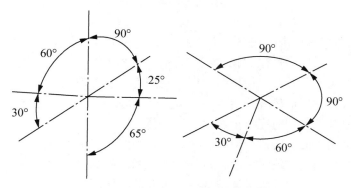

图 3-31   轴测图角度的标注方法

本 章 小 结

本章是从投影基础知识到建筑剖面图、断面图的识读，是识读施工图的基础，学好本章对以后学习建筑施工图非常重要。

（1）基本视图是表达建筑形体最基本的表达方式，可以设立三个投影面 V、H、W 用三面视图及尺寸标注。

（2）剖面图与断面图的形成原理、标注及表示方法、剖面图与断面图的区别与联系。

（3）在识读施工图时，首先要分析施工图采用的方法，针对不同的表达方法，采用不同的识读方法。在阅读施工图中的剖面图和断面图时，应先分析剖切平面的位置、剖切方向、然后再阅读剖面图或断面图。

技 能 考 核

（1）为了清晰表达内部结构，假想用一个剖切面将形体剖切开，移去剖切面与观察者之间的部分，对剩余部分所作的正投影图叫做_____。

（2）断面图有_____、_____、_____三种。

（3）绘制剖面图时，根据剖面图所剖切位置、方向和范围的不同，常把剖面图分为：_____、_____、_____、_____、_____、_____六种。

（4）对于同一图形来说，所有剖面图的_____要一致。

（5）对一些具有分层构造的工程形体，可按实际情况用分层剖开的方法得到其剖面图，称为_____图。

（6）重合断面图的轮廓线用_____表示，当投影图中的轮廓线与重合断面轮廓线重合时，投影图的轮廓线应连续画出，不可间断。

（7）剖面图与断面图的关系：相同点是_____；不同点是_____

_____，另一个是只作切到部分的投影。所以，剖面图中包含着断面，断面在剖面之内。

知 识 延 伸

《房屋建筑制图统一标准》（GB/T 50001—2010)中有以下规定。

（1）六个基本视图仍然遵循"长对正、高平齐、宽相等"的投影规律。作图与看图时要特别注意它们的尺寸关系。在使用时，以三视图为主，合理地确定视图数量。

（2）剖切是假想的，形体并没有真的被切开和移去了一部分。因此，除了剖面图外，其他视图仍应按原来未剖切时完整地画出。

（3）阶梯形剖切平面的转折处应成直角，在剖面图上规定不画分界线。

（4）局部剖切范围用波浪线表示，是外形视图和剖面的分界线。波浪线不能与轮廓线重合，也不应超出视图的轮廓线，波浪线在视图孔洞处要断开。

（5）局部剖面图只是整个外形投影图中的一部分，一般不标注剖切位置线。

（6）尺寸标注。规定了标注尺寸的方法。

第4章

建筑细部构造识读任务训练

⊗◎ 本章教学目标

本章主要介绍了房屋的细部构造，包括地基与基础概述；墙体的类型和设计要求、砌体墙的构造、隔墙与隔断的构造；楼板层的基本构成与分类、钢筋混凝土楼板、楼地面的防潮、防水和隔声构造；楼梯的类型和设计要求、楼梯的组成与尺度、钢筋混凝土楼梯构造、楼梯的细部构造；门与窗的分类与构造；屋顶的类型和坡度、平屋顶的构造、坡屋顶的构造；伸缩缝、沉降缝、防震缝的构造；了解屋顶的一般构造、了解屋面排水组织的基本原则和适用条件；了解单层工业厂房基础和基础梁、柱的一般知识。

⊗◎ 本章教学要求

知识要点	能力要求	权重
地基与基础概述、基础的埋置深度及影响因素、基础的分类	了解地基的分类、地基处理的方法及与基础的关系、掌握基础埋置深度的概念及影响因素、掌握基础的分类	20%
墙体的类型和设计要求、砌体墙的构造、隔墙与隔断的构造	掌握墙体的类型以及设计要求、了解常用砌墙材料的种类、掌握砌筑墙体主要细部构造的做法和工作机理	20%
楼板层的基本构成与分类、钢筋混凝土楼板、楼地面的防潮、防水和隔声构造、雨篷与阳台	掌握楼板层的基本构造和分类、掌握钢筋混凝土楼板的特点、分类、规格、适用条件和细部构造、了解楼板层的防潮及防水的一般构造、了解雨篷和阳台的构造知识及常见做法	15%

知识要点	能力要求	权重
楼梯的类型和设计要求、楼梯的组成与尺度、钢筋混凝土楼梯构造、楼梯的细部构造、电梯及自动扶梯、台阶与坡道	掌握楼梯的类型和特点、了解几种常见楼梯间的平面布局特点和适用条件、掌握楼梯的组成和尺度要求、了解钢筋混凝土楼梯的基本构造、掌握楼梯的细部构造、能合理地处理楼梯施工中的构造问题、了解电梯和自动扶梯的一般知识	10%
门与窗的分类与构造	掌握门和窗的分类、作用和使用要求、了解常见门窗的一般构造，熟练掌握门窗与建筑主体之间的连接构造	10%
屋顶的类型和坡度、平屋顶的构造、坡屋顶的构造	掌握屋顶的分类和常见屋顶的特点、熟练掌握平屋顶的保温、隔热、防水的构造、了解屋顶的一般构造、了解屋面排水组织的基本原则和适用条件	10%
伸缩缝、沉降缝、防震缝的构造	掌握变形缝的分类、特点、掌握伸缩缝、沉降缝的构造特点以及常用的构造做法、了解防震缝的一般知识	10%
单层工业厂房的主要结构及构件	了解基础和基础梁、柱的一般知识	5%

4.1 地基与基础识读训练

4.1.1 地基

建筑物埋置在土层中的承重结构称为基础，而支承基础传来荷载的土（岩）层称为地基。基础是房屋的重要组成部分，是建筑物地面以下的承重构件，它承受上部荷载并将这些荷载连同基础自重传到地基上。

地基可分为天然地基和人工地基两类。凡天然土层本身具有足够的强度，能直接承受建筑物荷载的地基称为天然地基。需预先对土壤层进行人工加工或加固处理后才能承受建筑物荷载的地基称人工地基。常用的人工地基有压实地基、换土地基和桩基。

人工地基常用的处理方法有换填垫层法、预压法、强夯法、深层挤密法、化学加固法等。

1. 换填垫层法

挖去地表浅层软弱土层或不均匀土层，回填坚硬、较粗粒径的材料，并夯压密实，形成垫层的地基处理方法。

2. 预压法

对地基进行堆载或真空预压，使地基土固结的地基处理方法。

3. 强夯法

反复将夯锤提到高处使其自由落下，给地基以冲击和振动能量，将地基土夯实的地基处理方法称为强夯法。将重锤提高到高处使其自由落下形成夯坑，并不断夯击坑内回填的砂石、钢渣等硬粒料，使其形成密实的墩体的地基处理方法称为强夯置换法。

4. 深层挤密法

主要是靠桩管打入或振入地基后对软弱土产生横向挤密作用，从而使土的压缩性减小，抗剪强度提高。通常有灰土挤密桩法、土挤密桩法、砂石桩法、振冲法、石灰桩法、夯实水泥土桩法等。

5. 化学加固法

将化学溶液或胶粘剂灌入土中，使土胶结以提高地基强度、减少沉降量或防渗的地基处理方法。具体有高压喷射注浆法、深层搅拌法、水泥土搅拌法等。

4.1.2 基础的埋置深度

一般把自室外设计地面标高至基础底部的垂直高度称为基础的埋置深度，简称埋深，如图 4-1 所示。影响基础埋置深度的因素有以下几个。

1. 工程地质和水文地质条件

一般情况下，基础应设置在坚实的土层上，而不能设置在淤泥等软弱土层上，最小埋置深度不宜小于 0.5m。当表面软弱土层较厚时，可采用深基础或人工地基。一般基础宜埋在地下常年水位之上，因为地下水易使土的强度下降，也会使基础产生下沉，而且化学污染还会使基础受到侵蚀。当必须埋在地下水位以下时，宜将基础埋置在最低地下水位以下不小于 200mm 处，如图 4-2 所示。

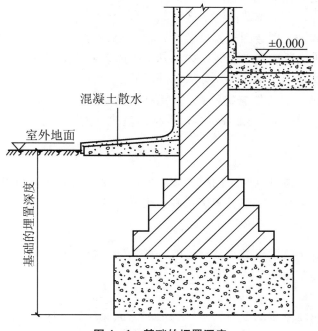

图 4-1 基础的埋置深度

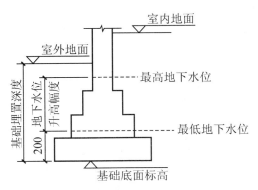

图 4-2　基础埋置深度和地下水位的关系

2. 建筑物自身的特性

如建筑物设有地下室、地下管道或设备基础时，常需将基础局部或整体加深。为了保护基础不露出地面，构造要求基础顶面离室外设计地面不得小于 100mm。

3. 作用在地基上的荷载大小和性质

荷载有恒载和活载之分。其中恒载引起的沉降量最大，因此当恒载较大时，基础埋深应大一些。荷载按作用方向又有竖直方向和水平方向。当基础要承受较大水平荷载时，为了保证结构的稳定性，也常将埋深加大。

4. 地基土冻胀和融陷的影响

对于冻结深度浅于 500mm 的南方地区或地基土为非冻胀土时，可不考虑土的冻结深度对基础埋深的影响。对于季节冰冻地区，如地基为冻胀土时，应使基础底面低于当地冻结深度。在寒冷地区，土层会因气温变化而产生冻融现象。土层冰冻的深度称为冰冻线，当基础埋置深度在土层冰冻线以上时，如果基础底面以下的土层冻胀，会对基础产生向上的顶力，严重的会使基础上抬起拱；如果基础底面以下的土层解冻，顶力消失，使基础下沉。这样的过程会使建筑产生裂缝和破坏，因此，在寒冷地区基础埋深应在冰冻线以下 200mm 处，采暖建筑的内墙基础埋深可以根据建筑的具体情况进行适当的调整。

4.1.3　基础的类型

基础的类型较多，按基础所采用材料和受力特点分，有刚性基础和柔性基础；依构造形式分，有条形基础、独立基础、井格基础、筏形基础、箱形基础和桩基础等。

1. 条形基础

条形基础是指基础长度远大于其宽度的一种基础形式。按上部结构形式，可分为墙下条形基础和柱下条形基础。

1）墙下条形基础

条形基础是承重墙基础的主要形式，当上部结构荷载较大而土质较差时，可采用混凝土或钢筋混凝土建造，墙下钢筋混凝土条形基础一般做成无肋式，如图 4-3（a）所示。

如地基在水平方向上压缩性不均匀，为了增加基础的整体性，减少不均匀沉降，也可做成有肋式的条形基础，如图 4-3（b）所示。

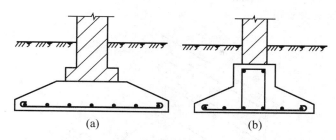

图4-3 墙下钢筋混凝土条形基础

(a)无肋式；(b)有肋式

2）柱下条形基础

当建筑采用柱承重结构，在荷载较大且地基较软弱时，为了提高建筑物的整体性，防止不均匀沉降，可将柱下基础沿一个方向连续设置成条形基础，如图4-4所示。

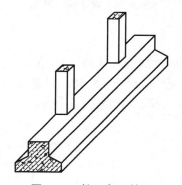

图4-4 柱下条形基础

2．独立基础

1）柱下独立基础

当建筑物上部采用柱承重时，且柱距较大时，宜将柱下扩大形成独立基础。独立基础的形状有阶梯形、锥形和杯形等，如图4-5所示。

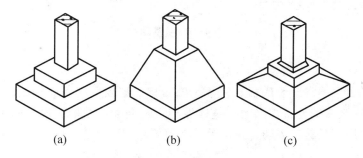

图4-5 独立式基础

(a)阶梯形基础；(b)锥形基础；(c)杯形基础

2）墙下独立基础

当建筑物上部为墙承重结构，并且基础要求埋深较大时，为了避免开挖土方量过大和便于穿越管道，墙下可采用独立基础，如图4-6所示。墙下独立基础的间距一般为3～

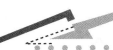

4m，上面设置基础梁来支承墙体。

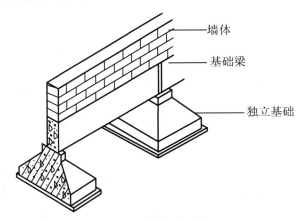

图4-6　墙下独立基础

3. 桩基础

当建筑物荷载较大时，地基软弱土层的厚度在5m以上，基础不能埋在软弱土层内，或对软弱土层进行人工处理比较困难或不经济时，通常采用桩基础。桩基础一般由设置于土中的桩和承接上部结构的承台组成，如图4-7所示。

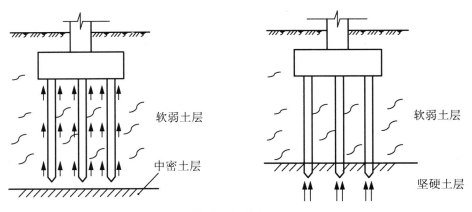

图4-7　桩基础

4. 箱形基础

箱形基础是由钢筋混凝土底板、顶板、侧墙和一定数量内隔墙构成的封闭箱形结构，如图4-8所示。该基础具有相当大的整体性和空间刚度，能抵抗地基的不均匀沉降并具有良好的抗震作用，是具有人防、抗震及地下室要求的高层建筑的理想基础形式之一。

5. 筏形基础

当建筑物地基条件较弱或上部结构荷载较大时，条形基础或井格基础已经不能满足建筑物的要求，常将基础底面进一步扩大，从而连成一块整体的基础板，形成筏形基础，如图4-9(a)、(b)所示。筏形基础分为平板式和梁板式，一般根据地基土质、上部结构体系、柱距、荷载大小及施工条件等确定。

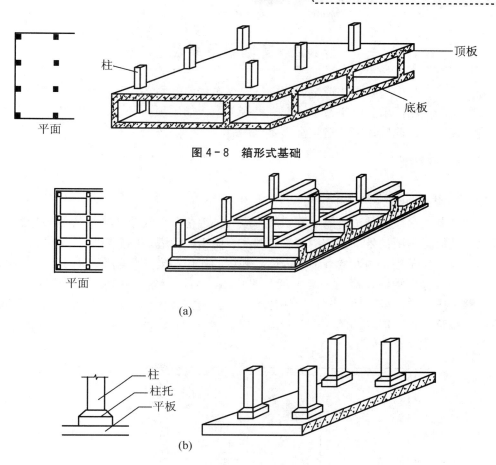

图 4-8 箱形式基础

(a)

图 4-9 筏形式基础

(a)平板式基础；(b)梁板式基础

6. 井格基础

当框架结构处在地基条件较差的情况时，为了提高建筑物的整体性，避免不均匀沉降，常将柱下基础沿纵、横方向连接起来，做成十字交叉的井格基础，如图 4-10 所示。

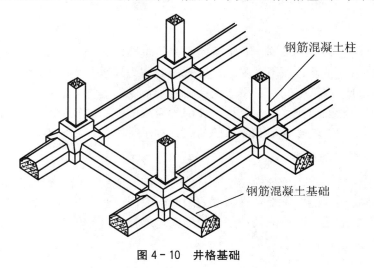

图 4-10 井格基础

4.2 墙体识读训练

墙体是建筑物中重要的构造组成部分。墙体对房屋的耐久性、耐火性、坚固性、经济性以及房屋的使用要求、建筑造型等都有直接关系，如屋顶、基础、楼板、门窗等均与墙体有构造连接，因此墙体的构造具有重要作用。

4.2.1 墙体的类型

1. 按其在建筑物所处位置不同分类

墙体依其在房屋所处位置的不同，有内墙和外墙之分。沿建筑四周边缘布置的墙体称为外墙。外墙是房屋的外围护结构，起着挡风、阻雨、保温、隔热等围护室内房间不受侵袭的作用；凡位于建筑内部的墙称为内墙，内墙的作用主要是分隔房间；凡沿建筑物短轴方向布置的墙称为横墙，横向外墙一般称为山墙；而沿建筑物长轴方向布置的墙称为纵墙，纵墙有内纵墙与外纵墙之分；在一片墙上，窗与窗或门与窗之间的墙称为窗间墙；窗洞下部的墙称为窗下墙，如图4-11所示。

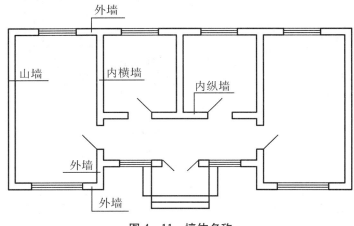

图4-11 墙体名称

2. 按结构受力情况不同分类

墙体根据结构受力情况不同，有承重墙和非承重墙之分。凡直接承受上部屋顶、楼板传来荷载的墙称为承重墙；而不承受上部荷载的墙称为非承重墙，非承重墙包括隔墙、填充墙和幕墙。凡分隔内部空间，其重量由楼板或梁承受的墙称为隔墙；框架结构中填充在柱子之间的墙称为框架填充墙；而悬挂于外部骨架或楼板间的轻质外墙称为幕墙。外部的填充墙和幕墙不承受上部楼板层和屋顶的荷载，却承受风荷载和地震荷载。

3. 按墙体材料不同分类

墙体按所用材料不同，可分为砖墙、石墙、土墙、混凝土墙及钢筋混凝土墙等。砖是我国传统的墙体材料，但由于受到材料源的限制，我国有些大城市已提出限制使用实心砖的规定；石块砌墙适用于产石地区；土墙便于就地取材，是造价低廉的地方性墙体；混凝土墙可现浇、预制，在多高层建筑中应较多。

4.按构造和施工方法的不同分类

墙体根据构造和施工方式不同,有叠砌式墙、板筑墙和装配式墙之分。叠砌式墙包括石砌砖墙、空斗墙和砌块墙等。砌块墙是指利用各种原料制成的不同形式、不同规格的中小型砌块,借手工或小型机具砌筑而成。板筑墙则是施工时,直接在墙体部位竖立模板,然后在模板内夯筑或浇筑材料捣实而成的墙体,如夯土墙、灰砂土筑墙,以及滑模、大模板等混凝土墙体等。装配式是在预制厂生产墙体构件,运到施工现场进行机械安装的墙体,包括板材墙、多种组合墙和幕墙等,其机械化程度高,施工速度快、工期短,是建筑工业化的方向。

4.2.2 砖墙材料

砖墙之所以能作为墙体形式之一,主要是由于其取材容易,制造简单,既能承重又能满足常规情况下的保温、隔热、隔声、防火性能。当然我国目前所用的砖墙还存在强度低、施工速度慢等缺点,有待于进行改革。

砖墙可分为实体墙、空体墙和复合墙三种。实体墙由普通黏土砖或其他实心砖砌筑而成。空体墙是由实心砖砌成中空的墙体(如空斗砖墙),如图4-12(a)、(b)所示;或由空心砖筑筑的墙体。复合墙是指由砖与其他材料组合而成的墙体。实体砖墙是目前我国广泛采用的构造形式。

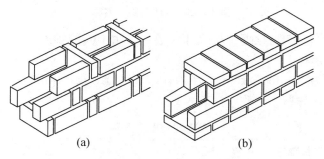

(a)   (b)

图4-12 空斗墙

(a)无眠空斗墙;(b)有眠空斗墙

砖墙是用砂浆将砖按一定规律砌筑而成的砌体,其主要材料是砖与砂浆。

1.砖

砖的种类很多,依其材料分有黏土砖、炉渣砖、灰砂砖等;依生产形状分有实心砖、多孔砖和空心砖等。普通黏土砖根据生产方法的不同,有青砖和红砖之分。

2.砂浆

砂浆是砌体的粘接材料。它将砖块粘接成为整体,并将砖块之间的空隙填平、密实,便于使上层砖块所承受的荷载能逐层均匀地传至下层砖块,以保证砌体的强度。

砌筑墙体的砂浆常用的有水泥砂浆、石灰砂浆和混合砂浆三种。石灰砂浆由石灰膏、砂加水拌和而成,它属气硬性材料,强度不高,多用于砌筑次要的民用建筑中地面以上的砌体;水泥砂浆由水泥、砂加水拌和而成,它属水硬性材料,强度高,较适合于砌筑潮湿环境下的砌体;混合砂浆由水泥、石灰膏、砂加水拌和而成,这种砂浆强度较高,和易性

和保水性较好，常用于砌筑地面以上的砌体。

4.2.3　实体墙的组砌方式

组砌是指砖块在砌体中的排列。组砌时应遵守错缝搭接的法则。砖缝砂浆必须饱满、厚薄均匀。所谓错缝是指上下皮砖的垂直缝不能同处于一条线上，一定要使上皮砖搭过下皮砖块的垂直缝，错缝长度通常应不小于60mm。无论在墙体表面或砌体内部都应遵守这一法则，否则就会影响砖砌体的整体性，使强度和稳定性显著降低，如图4-13所示。

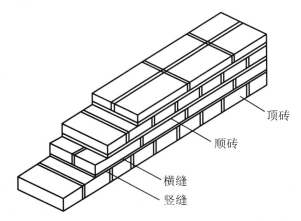

图4-13　墙体各部分名称

以标准砖为例，砖墙可根据砖块尺寸和数量采用不同的排列，利用砂浆形成的灰缝，组合成各种不同的墙体。

标准砖的规格为53mm×115mm×240mm（厚×宽×长），如图4-14所示。用标准砖砌筑墙体，常见的墙体厚度名称，见表4-1。

表4-1　墙厚名称

墙厚名称	习惯称呼	实际尺寸/mm	墙厚名称	习惯称呼	实际尺寸/mm
半砖墙	12墙	115	一砖半墙	37墙	365
3/4砖墙	18墙	178	二砖墙	49墙	490
一砖墙	24墙	240	二砖半墙	62墙	615

实体墙常见的砌式有全顺式（又称走砖式）、一丁一顺式、一丁多顺式、每皮丁顺相同式及两平一侧式（18墙）等，如图4-15所示。

4.2.4　墙体的细部构造

墙体的细部构造包括门窗过梁、勒脚、散水、明沟、圈梁、墙身防潮层、构造柱等。

1. 门窗过梁

门窗过梁是指门窗洞口顶上的横梁。过梁的种类很多，目前常用的有砖砌过梁和钢筋混凝土过梁两类。砖砌过梁又分为砖砌平拱过梁和钢筋砖过梁两种；钢筋混凝土过梁分为现浇和预制两种，如图4-16所示。

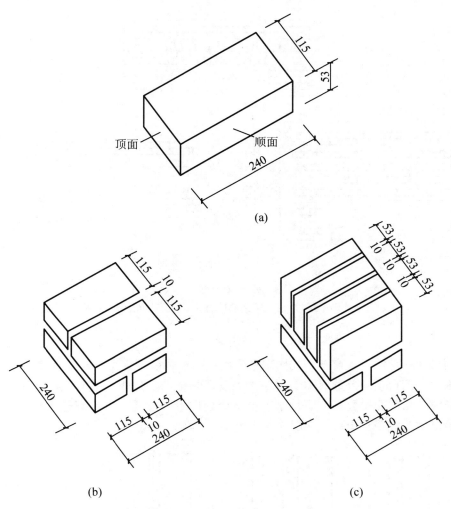

图 4 - 14　标准砖的尺寸

(a)标准砖；(b)砖的组合；(c)砖的组合

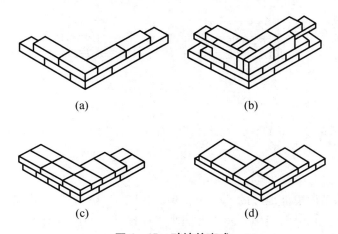

图 4 - 15　砖墙的砌式

(a)全顺式 ；(b)两平一侧式；(c)上下皮一丁一顺式；(d)每皮丁顺相同式

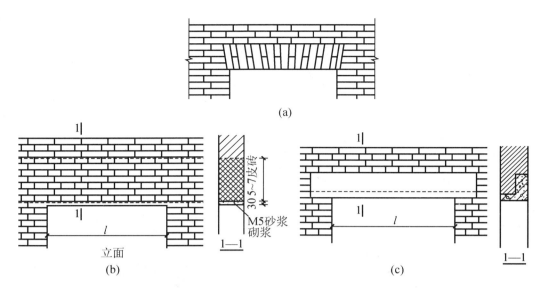

图 4 - 16　过梁

(a)砖砌平拱过梁；(b)钢筋砖过梁；(c)钢筋混凝土过梁

2. 窗台

窗洞口的下部应设置窗台，其作用是为避免雨水聚积窗下并侵入墙身且沿窗下槛向室内渗。因此，窗台顶向外形成 10% 左右的坡度以利排水。此外，在排水坡粉面时，必须注意抹灰与窗下滥的交接处理，防止水沿窗下槛处向室内渗透。窗台有悬挑和不悬挑两种，可以用砖出挑或混凝土出挑，如图 4 - 17 所示。

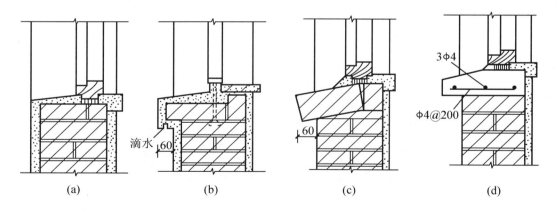

图 4 - 17　窗台形式

(a)不悬挑窗台；(b)粉滴水的悬挑窗台；(c)侧砌砖窗台；(d)预制钢筋混凝土窗

3. 勒脚

外墙墙身下部靠近室外地坪的部分为勒脚，如图 4 - 18 所示。其高度为室内地坪与室外地面的高差部分。勒脚的作用是防止地面水、屋檐滴下的雨水对墙面侵蚀，以及地表水和地下水的毛细作用所形成的地潮对墙身的侵蚀。同时它还可以保护外墙根不受碰撞等，并起着美化建筑立面的作用。因此，有些建筑其勒脚高度提高到底层窗台，如图 4 - 19 所示。

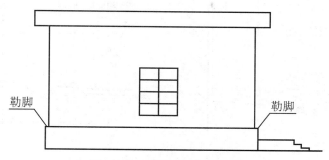

图 4 - 18　建筑物勒脚示意图

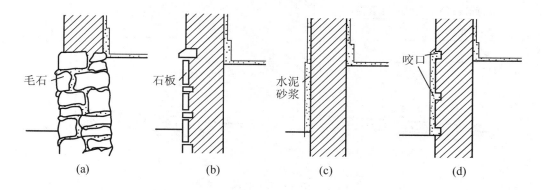

图 4 - 19　勒脚

（a)毛石勒脚；（b)石板贴面勒脚；（c)抹灰勒脚；（d)带咬口抹灰勒脚

4. 散水与明沟

为了防止室外地面水、墙面水及屋檐水对墙基的侵蚀，沿建筑物四周及室外地坪相接处宜设置散水或明沟，将建筑物附近的地面水及时排除。

1）散水

散水也称散水坡、护坡，是沿建筑物外墙四周设置的向外倾斜的坡面，其作用是把屋面下落的雨水排到远处，进而保护建筑四周的土壤，降低基础周围土壤的含水率。散水表面应向外侧倾斜，坡度为 3％～5％。

散水的宽度一般为 600～1000mm。为保证屋面雨水能够落在散水上，当屋面采用无组织排水方式时，散水的宽度应比屋檐的挑出宽度宽 200mm 左右。散水的做法通常有砖散水、块石散水、混凝土散水等，如图 4 - 20 所示。

2）明沟

对于年降水量较大的地区，常在散水的外缘或直接在建筑物外墙根部设置的排水沟称为明沟。明沟通常用混凝土浇筑成宽 180mm、深 150mm 的沟槽，也可用砖、石砌筑，如图 4 - 21 所示。沟底应有不小于 1％的纵向排水坡度。

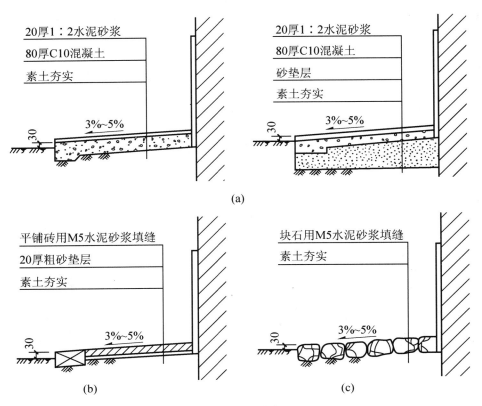

图 4-20 散水

（a）混凝土散水；（b）砖散水；（c）块石散水

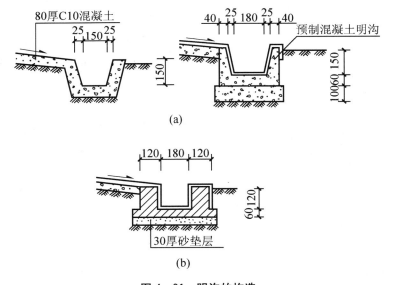

图 4-21 明沟的构造

（a）混凝土明沟；（b）砖砌明沟

5. 圈梁

圈梁又称为腰箍，是沿外墙四周及部分内横墙设置的连续闭合梁。圈梁配合楼板的作用可提高建筑物的空间刚度及整体性，增强墙体的稳定性，减少由于地基不均匀沉降而引起的墙身开裂。对抗震设防地区，利用圈梁加固墙身显得更必要。

圈梁有钢筋砖圈梁和钢筋混凝土圈梁两种，如图 4-22 所示。目前，多采用钢筋混凝土材料，钢筋砖圈梁已很少采用。钢筋混凝土圈梁的宽度宜与墙厚相同，当墙厚大于 240mm 时，允许其宽度减小，但不宜小于墙厚的 2/3。圈梁高度应大于 120mm，并在其中设置纵向钢筋和箍筋，如为 8 度抗震设防时，纵筋为 $4\phi10$，箍筋为 $\phi6@200$。钢筋砖圈梁应采用不低于 M5 的砂浆砌筑，高度为 4～6 皮砖。纵向钢筋不宜少于 $6\phi6$，水平间距不宜大于 120mm，分上下两层设在圈梁顶部和底部的灰缝内。

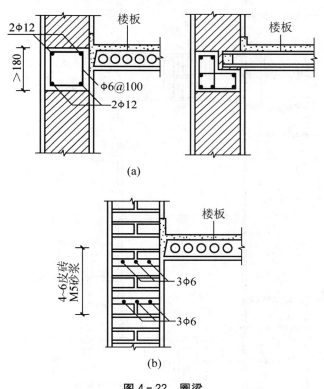

图 4-22　圈梁
(a)钢筋混凝土圈梁；(b)钢筋砖圈梁

6. 构造柱

构造柱的作用是帮助墙体受力，提高抗震能力，增强房屋的整体刚度及稳定性。设构造柱的同时必须设置圈梁。柱与圈梁及墙体紧密连接，柱下端应锚固于钢筋混凝土基础或基础梁内，使柱和梁一起形成空间骨架，提高建筑物延性，增强抗震能力。

钢筋混凝土构造柱一般设在建筑物的四周、内外墙交接处、楼梯间、电梯间以及某些较长墙体的中部，其平面位置如图 4-23 所示，构造如图 4-24、图 4-25 所示。

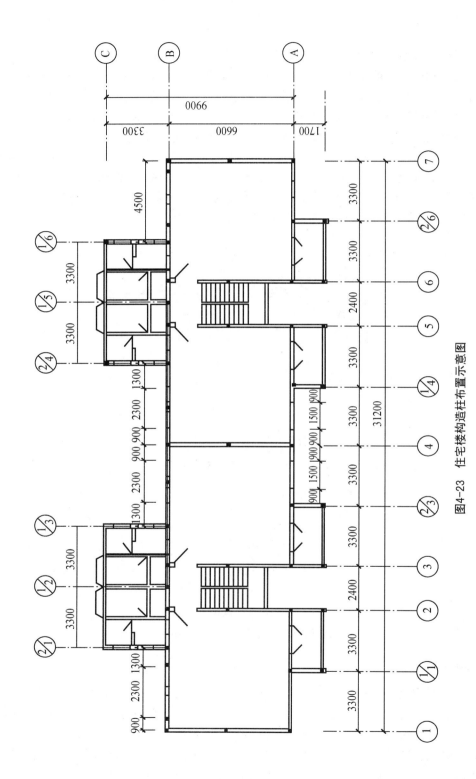

图4-23 住宅楼构造柱布置示意图

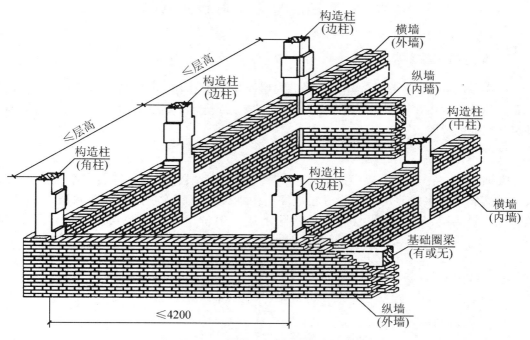

图4-24 纵、横墙中加强构造柱间距示意图

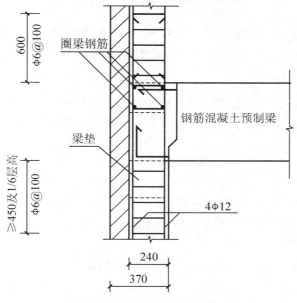

图4-25 构造柱剖面图

4.3 地坪层与楼地面识读训练

4.3.1 地坪层的基本构造

地坪层也称地层，是分隔建筑物最底层房间与下部土壤的水平构件，它承受作用在其上面的各种荷载，并将这些荷载完全地传给地基。按其与土壤之间的关系，可分为实铺地坪层和空铺地坪层。

1. 实铺地坪层

实铺地坪层在建筑工程中的应用较广，一般由面层、垫层、基层三个基本层次组成。为了满足更多的使用功能，可在地坪层中加设相应的附加层，如防水层、防潮层、隔声层、隔热层、管道敷设层等，这些附加层一般位于面层和垫层之间，如图 4-26所示。

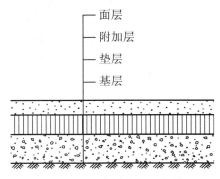

面层
附加层
垫层
基层

图4-26 实铺地坪层构造

1）面层

面层是地坪层的表面层，直接承受各种物理、化学作用，是人们日常生活直接接触的表面，应满足坚固、耐磨、平整、光洁、不起尘、易于清洗、防水、防火、有一定弹性等使用要求。

2）垫层

垫层的作用是满足面层铺设所要求的刚度和平整度，有刚性垫层和非刚性垫层之分。刚性垫层一般采用强度等级为 C10 的混凝土，厚度为 60～100mm，适用于整体面层和小块料面层的地坪中，如水磨石、水泥砂浆、陶瓷锦砖、缸砖等地面。

3）基层

基层起着保护垫层、防水、防潮和室内装饰的作用。

2. 空铺地坪层

当房间要求地面能严格防潮或有较好的弹性时，可采用空铺地坪，即在夯实的地垄墙上铺设预制钢筋混凝土板或木板层，如图 4-27所示。采用空铺地坪时，应在外墙勒脚部位及地垄墙上设置通风口，以便空气对流。

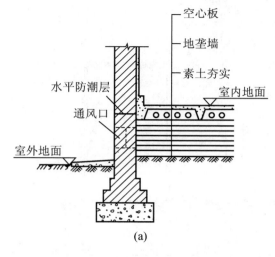

(a)

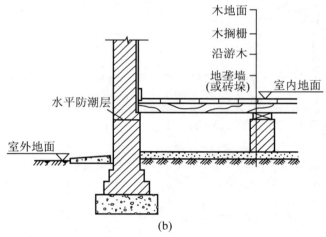

(b)

图 4 - 27 空铺地坪层
（a）钢筋混凝土预制板空铺地坪层；（b）木板空铺地坪层

4.3.2 阳台与雨篷

1. 阳台

阳台是建筑物室内的延伸，是居住者呼吸新鲜空气、晾晒衣物、摆放盆栽的场所，其设计需要兼顾实用与美观的原则。

1）阳台分类

阳台按其与外墙的相对位置和结构处理不同，有凸阳台、凹阳台、半凸半凹阳台、转角式等几种形式，如图 4 - 28、图 4 - 29 所示。

2）阳台栏杆（栏板）

阳台栏杆是阳台外围设置的垂直构件，其式样繁多，从外形上看，有实体和镂空之分。从材料上分又有砖砌栏板、钢筋混凝土栏杆、金属栏杆等，如图 4 - 30 所示。

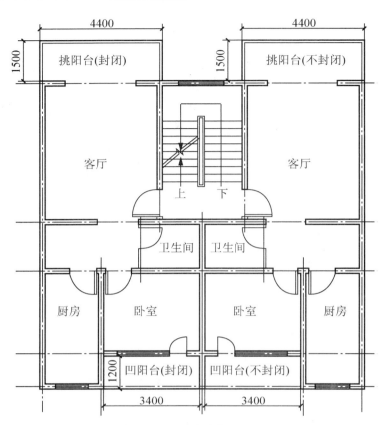

图 4-28　阳台布置平面图

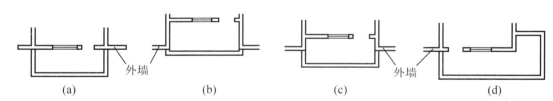

图 4-29　阳台的类型

(a)凸阳台；(b)凹阳台；(c)半凸半凹阳台；(d)转角式

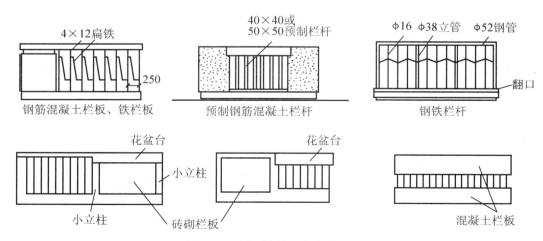

图 4-30　各种栏杆、栏板的形式

3) 阳台排水

为防止雨水从阳台上进入室内，设计中将阳台地面标高低于室内地面 30~50mm，并在阳台一侧栏杆下设排水孔，地面用水泥砂浆粉出排水坡度 0.5%~1%，将水导向排水孔并向外排除。孔内埋设 $\Phi 40$ 或 $\Phi 50$ 镀锌钢管或塑料管，通入水落管排水，如图 4 - 31(a) 所示。当采用管口排水的，管口水舌向外挑出至少 80mm，以防排水时水溅到下层阳台扶手上，如图 4 - 31(b) 所示。

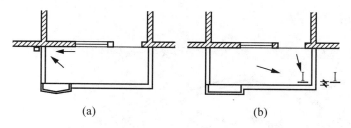

(a)   (b)

图 4 - 31 阳台排水处理
(a)落水管排水；(b)排水管排水

2. 雨篷

雨篷是建筑物入口处位于外门上部用以遮挡雨水、保护外门免受雨水浸害的水平构件。多采用现浇钢筋混凝土悬挑，其悬臂长度一般为 1~1.5m。雨篷梁是典型的受弯构件。雨篷构造如图 4-32 所示。

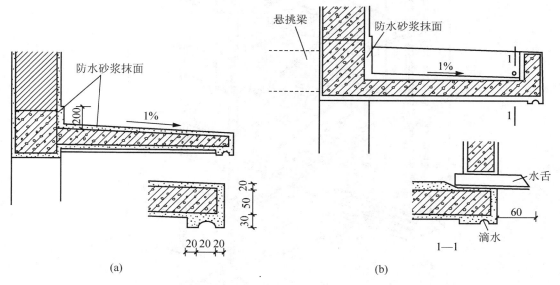

(a)   (b)

图 4 - 32 雨篷构造
(a)板式雨篷；(b)梁板式雨篷

雨篷有三种形式：①小型雨篷，如悬挑式雨篷、悬挂式雨篷；②大型雨篷，如墙或柱支承式雨篷，一般可分为玻璃钢结构和全钢结构；③新型组装式雨篷。

常见的钢筋混凝土悬臂雨篷有板式和梁板式两种。为防止雨篷产生倾覆，常将雨篷与入口处门上的过梁(或圈梁)浇在一起。

4.4 楼梯识读训练

楼梯是建筑中楼层间的垂直交通联系设施，应满足交通和疏散的要求。建筑中垂直交通设施除楼梯还有电梯、自动扶梯、台阶、坡道及爬梯。一般建筑中，采用其他形式垂直交通设施时还需设置楼梯，楼梯在楼房建筑中是必不可少的。

4.4.1 楼梯的组成

楼梯一般由楼梯段、楼梯平台、栏杆(板)扶手三部分组成，如图4-33所示。

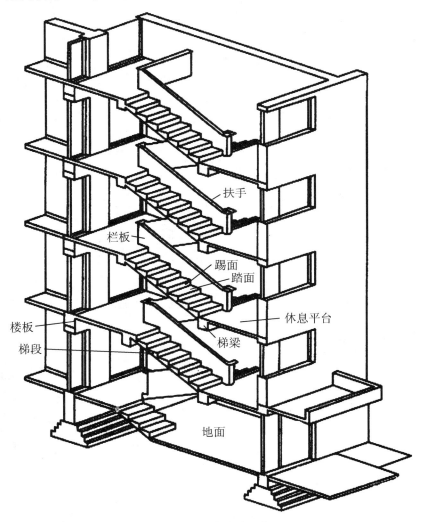

图4-33 楼梯的组成

1. 楼梯段

楼梯段是指楼层之间上下通行的通道，是由若干个踏步构成的。每个踏步一般由两个相互垂直的平面组成。供人行走时踏脚的水平面称为踏面，其宽度为踏步宽。踏步的垂直面称为踢面，其数量称为级数，高度称为踏步高。

为避免人们行走楼梯段时过于疲劳，每一楼梯段的级数一般应不超过18级，而级数太少则不易为人们察觉，容易摔倒，所以考虑人们行走的习惯性，楼梯段的级数也应不少于3级，公共建筑中的装饰性弧形楼梯可略超过18级。

2. 楼梯平台

楼梯平台是两楼梯段之间的水平连接部分。根据位置的不同分中间平台和楼层平台。平台的主要作用是楼梯转换方向和缓解人们上楼梯的疲劳，故又称休息平台。

楼层平台与楼层地面标高平齐，除起着中间平台的作用外，还用来分配从楼梯到达各层的人流，解决楼梯段转折的问题。

3. 栏杆(板)扶手

为了在楼梯上行走的安全，在楼梯和平台的临空边缘应设栏杆和栏板。当梯段宽度不大时，可只在梯段临空面设置；当梯段宽度较大时，非临空面也应加设靠墙扶手；当梯段宽度很大时，还需在楼梯中间加设中间扶手。

4.4.2 楼梯的类型

（1）按其材料不同，楼梯可分为木材、钢筋混凝土材、型钢的楼梯。由于楼梯在紧急疏散时起着重要作用，所以防水性能很差的木材至今已很少用。型钢要作为楼梯构件，必须作特殊的防火处理。而钢筋混凝土在耐火、耐久方面均较其他材料的楼梯好，故在建筑中应用最广。

（2）按照楼梯的位置，有室内楼梯和室外楼梯之分。

（3）按照楼梯的使用性质，可以分成主要楼梯、辅助楼梯、疏散楼梯及消防楼梯。

（4）按照楼梯的平面形式，可以将其分为单跑直楼梯、双跑直楼梯、双跑平行楼梯、三跑楼梯、双分平行楼梯、双合平行楼梯、转角楼梯、双分转角楼梯、交叉楼梯、剪刀楼梯、螺旋楼梯等。

（5）按楼梯间的平面形式分封闭式楼梯、非封闭式楼梯、防烟楼梯等。

此外，圆弧形楼梯和剪刀式楼梯及螺旋楼梯、扇步楼梯也都是楼梯的常用形式。

4.4.3 楼梯的一般尺寸

1. 坡度

楼梯的坡度应适于人们行走舒适、方便，同时要考虑经济的节约。楼梯的坡度在20°～45°之间，以30°左右较为舒适；专用梯坡度较陡，在45°～60°之间，占空间少，一般用在人流少、不经常使用之处；爬梯坡度在60°～90°之间，常在各类建筑中用作防火梯或检修梯；电梯多用于层数较多的建筑；自动扶梯则用于人流多的公共场所，如图4-34所示。

2. 踏步的尺寸

楼梯踏步的尺寸决定了楼梯的坡度，反过来根据使用的要求选定了合适的楼梯坡度之后，踏步的踏面宽及踢面高之间必须有一恰当的比例关系。除此之外，增加人行走时的舒适感，减少吃力和疲劳，也是决定选取踏步尺寸的重要因素。

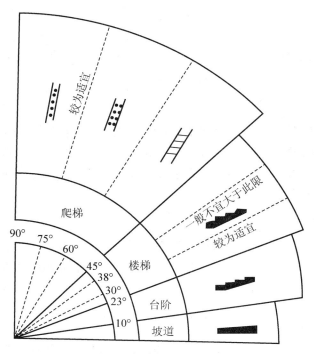

图4-34　各种竖向交通设施的坡度

假设楼梯踏步的踏面宽及踢面高分别为 b 和 h，确定及计算踏步尺寸的经验公式为：$2h+b=600\sim620\mathrm{mm}$，踏步的极限尺度为：$b\geqslant250\mathrm{mm}$，$h\leqslant180\mathrm{mm}$。

其中，h、b 取值可以见表4-2。

表4-2　一般楼梯踏步尺寸　　　　　　　单位：mm

建筑类型	踢面高(h)	踢面宽(b)	建筑类型	踢面高(h)	踢面宽(b)
住宅	156～175	250～300	医院（病人用）	150	300
学校、办公楼	40～160	280～340	幼儿园	120～150	260～300
影院、会议室	120～150	300～350			

楼梯踏步的高宽比应符合表4-3的规定。

表4-3　楼梯踏步最小宽度和最大高度　　　　　单位：m

楼梯类别	最小宽度	最大高度
住宅共用楼梯	0.26	0.175
幼儿园、小学校等楼梯	0.26	0.15
电影院、剧场、体育馆、商场、医院、旅馆和大中学校等楼梯	0.28	0.16
其他建筑楼梯	0.26	0.17
专用疏散楼梯	0.25	0.18
服务楼梯、住宅套内楼梯	0.22	0.20

注：无中柱螺旋楼梯和弧形楼梯离内侧扶手中心0.25m处的踏步宽度应不小于0.22m。如图4-35、图4-36所示。

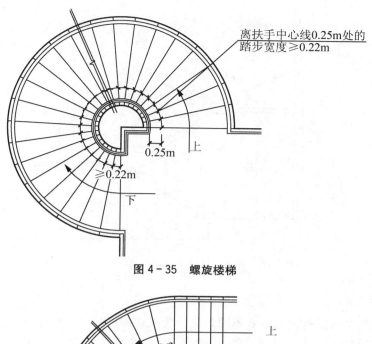

离扶手中心线0.25m处的
踏步宽度≥0.22m

0.25m

≥0.22m

上

下

图 4 - 35　螺旋楼梯

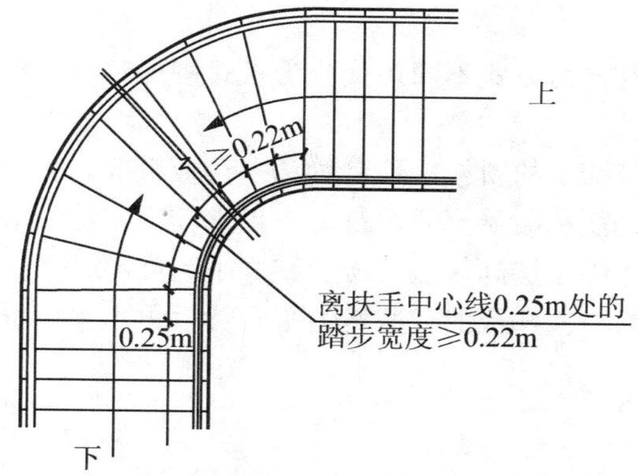

上

≥0.22m

离扶手中心线0.25m处的
踏步宽度≥0.22m

0.25m

下

图 4 - 36　弧形楼梯

3. 楼梯净高控制

楼梯的净空高度是指梯段的任何一级踏步前缘至上一梯段结构下缘的垂直高度；或平台面（或底层地面）至顶部平台（或平台梁）底的垂直距离。楼梯下面净空高度的控制为：梯段上净高应不小于 2200mm，楼梯平台处梁底下面的净高应不小于 2000mm，如图 4 - 37所示。

由于建筑竖向处理和楼梯做法变化，楼梯平台上部及下部净高不一定与各层净高一致，此时其净高不应小于 2000mm，使人行进时不碰头。梯段净高一般应满足人在楼梯上伸直手臂向上旋升时手指刚触及上方突出物下缘一点为限，为保证人在行进时不碰头和产生压抑感，梯段净高宜为 2200mm。

4.4.4　钢筋混凝土楼梯构造

钢筋混凝土楼梯主要有现浇和预制装配两大类。

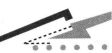

建筑工程识图实训教程

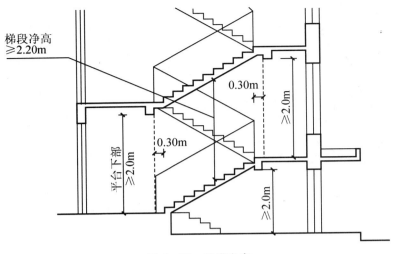

图 4-37 楼梯净高

1. 现浇整体式

现浇楼梯按其楼段的传力方式不同,又分为板式楼梯和梁板式楼梯两种。

1) 板式楼梯

现浇板式楼梯是由带踏步的斜板、平台梁和平台板组成,如图 4-38 所示。因斜板是承重构件,故板较厚,钢筋和混凝土的用量多,自重较大,但板底平整,制模方便,视觉上较轻巧,不易积尘,适用于层高较低、楼梯跑水平跨度不大于 4m(3.5m、3m)及荷载较小的建筑。其传力路线为:楼梯板的荷载传给平台梁,再由平台梁传给墙或柱。

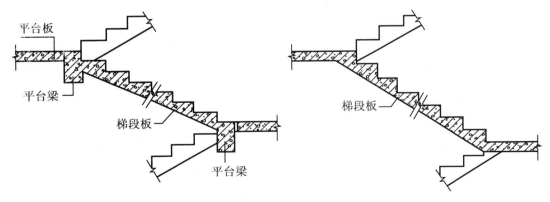

图 4-38 板式楼梯

2) 梁板式楼梯

当梯段较宽或楼梯负荷较大时,采用板式楼梯往往不经济,须增加梯段斜梁(简称梯梁)以承受板的荷载,并将荷载传给平台梁,这种楼梯称为梁板式楼梯。

梁板式楼梯在结构布置上有双梁布置和单梁布置之分。梯梁在板下部的称正梁式楼梯,将梯梁反向上面的称反梁式楼梯。梁板式楼梯有两种形式:一种为梁在踏步板下面露出一部分,上面踏步露明,称明步;一种边梁向上翻,下面平整,踏步包在梁内,称暗步,如图 4-39 所示。

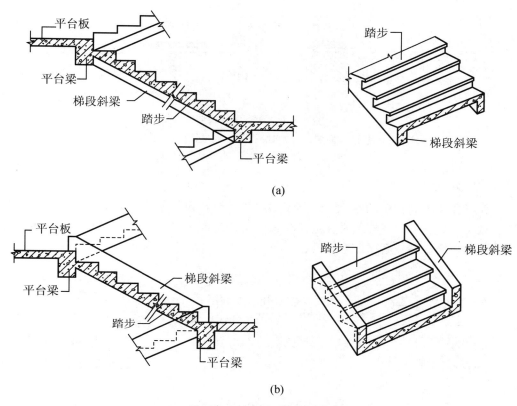

(a)

(b)

图 4-39 现浇钢筋混凝土梁板式楼梯
（a）正梁式楼梯；（b）反梁式楼梯

2. 装配式楼梯

装配式钢筋混凝土楼梯具有节约模板和人工、减少现场湿作业、加快施工速度、提高工程质量的优点，它的大量应用还有利于提高建筑的工业化程度。但由于装配式钢筋混凝土楼梯的整体性较差，在抗震等级较高地区慎用。

装配式钢筋混凝土楼梯根据生产、运输、吊装和建筑体系的不同而有许多不同的构造形式，例如按构件的尺寸大小分，有小型构件式与中、大型构件式两种。其中，小型构件装配式楼梯的预制踏步和它们的支撑结构通常是分开的，其主要特点就是构件小而轻，易制作。但施工繁而慢，有些还要用较多的人力和湿作业，适合于施工条件较差的地区。而中、大型构件装配式楼梯可以减少预制构件的品种和数量，可以利用吊装工具进行安装，对于简化施工过程，加快施工进度，减小劳动强度等都十分有利。此外，若按梯段的构造与支承方式分则还有梁承式、墙承式、悬挑式、悬吊式等数种。但由于整体性差、刚性差，故目前少用。

3. 踏步和栏杆扶手的构造

1）踏步面层及防滑处理

踏步的上表面要求耐磨，便于清洁。常采用水泥砂浆抹面，水磨石或缸砖贴面，以及大理石等面层，如图 4-40 所示。

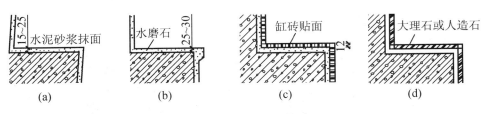

图 4-40 踏步面层构造

(a)水泥砂浆踏步面层；(b)水磨石踏步面层；(c)缸砖踏步面层；
(d)大理石或人造石踏步面层

2）踏步面层的防滑

人流较为集中而拥挤的建筑，若踏步面层较光滑，为防止行人上下楼梯时滑倒，踏步面层应做防滑措施。一般建筑常在近踏步口做防滑条或防滑包口，如图 4-41 所示，也可铺垫地毯或防滑塑料或者橡胶贴面等。

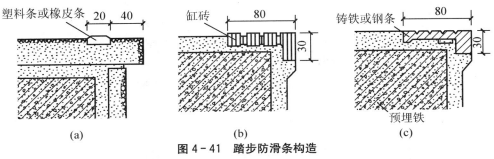

图 4-41 踏步防滑条构造

(a)镶橡皮防滑条；(b)缸砖包口；(c)铸铁包口

3）栏杆及扶手

（1）楼梯扶手及栏杆或栏板的常用尺寸。楼梯栏杆扶手的高度，指踏面中点至扶手顶面的垂直距离。楼梯扶手的高度与楼梯的坡度、楼梯的使用要求有关，很陡的楼梯，扶手的高度矮些，坡度平缓时高度可稍大。在30°左右的坡度下常采用900mm；儿童使用的楼梯一般为600mm。对一般室内楼梯不小于900mm，如图 4-42(a)所示。靠梯井一侧水平栏杆长度大于500mm时，其高度不小于1050mm，如图 4-42(b)、(c)所示。

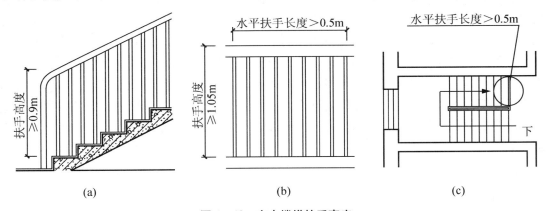

图 4-42 室内楼梯扶手高度

最常用的楼梯扶手栏杆或栏板的形式，如图4-43所示。

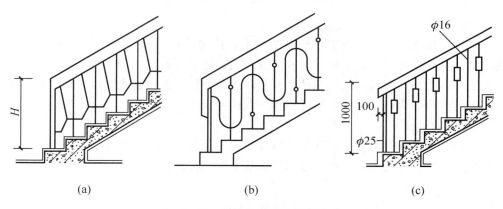

图4-43　常用楼梯扶手栏杆形式
(a)栏杆一；(b)栏杆二；(c)栏杆三

（2）楼梯栏杆或栏板安装及固定。常用的楼梯栏杆多为钢构件，立杆与混凝土梯段及平台之间的固定方式有预埋件焊接、开脚预埋（或留孔后装）、预埋件栓接、直接用膨胀螺丝固定等几种，安装位置为踏步侧面或踏步面上的边沿部分。横杆与立杆连接则多采用焊接方式。栏板的材料主要是混凝土、砌体或钢丝网、玻璃等。

（3）楼梯扶手安装和制作。楼梯的扶手常采用木制品、合金或不锈钢等金属材料，以及工程塑料、石料及混凝土预制件等。木扶手靠木螺钉通过一通长扁铁与空花栏杆连接，扁铁与栏杆顶端焊接，穿木螺钉固定；金属扶手可以与金属立杆直接焊接；塑料扶手与钢立杆连接是利用其弹性卡固定在扁钢带上。几种常见楼梯扶手安装方法，如图4-44所示。

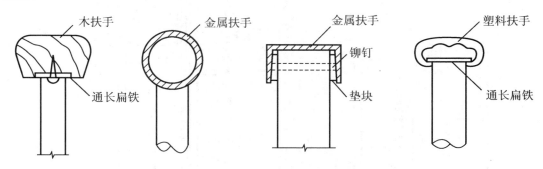

图4-44　扶手安装及固定

4.4.5　电梯及自动扶梯

电梯、自动扶梯是目前房屋建筑工程中常用的建筑设备。电梯多用于多层及高层建筑中，但有些建筑虽然层数不多，由于建筑级别较高或使用的特殊需要，往往也设置电梯，如高级宾馆、多层仓库等。部分高层及超高层建筑，为了满足疏散和救火的需要，还要设置消防电梯。自动扶梯主要用于人流集中的大型公共建筑，如大型商场、展览馆、火车站等。

1. 电梯

1）电梯的类型

建筑中电梯作为一种方便上下运行的设施，按用途不同可分为乘客电梯、住宅电梯、消防电梯、病床电梯、客货电梯、载货电梯、杂物电梯等；根据动力拖动的方式不同可以分为交流拖动电梯、直流拖动电梯；根据消防要求可以分为普通乘客电梯和消防电梯；按电梯行驶速度可分为高速电梯、中速电梯、低速电梯。

2）电梯的组成

电梯通常由电梯井道、电梯厅门和电梯机房三部分组成，如图4-45所示。不同厂家提供的设备尺寸、运行速度及对土建的要求都不同，在设计时应按厂家提供的产品尺度进行设计。

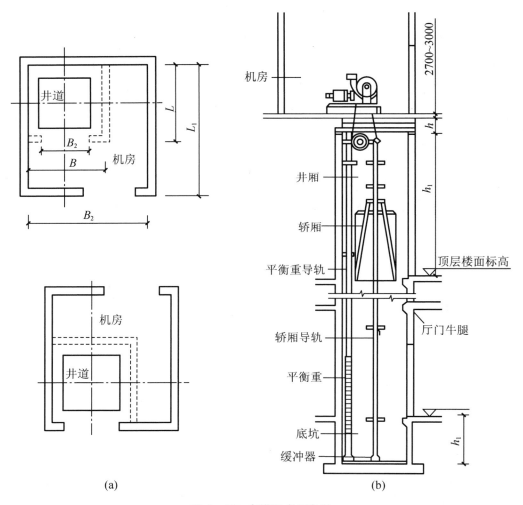

图4-45　电梯组成示意图
（a）平面；（b）剖面

（1）电梯井道。电梯井道是电梯轿厢运行的通道。井道内部设置电梯导轨、平衡配重等电梯运行配件，并设有电梯出入口。

井道是高层建筑穿通各层的垂直通道，其围护结构必须具备足够的防火性能，耐火极限应不低于 2.5h。其围护构件应根据有关防火规定设计，较多采用钢筋混凝土墙。而消防电梯井道应设置隔火墙，且耐火极限不低于 20h，还应设挡水措施，井底应设置集水坑，容量不应小于 2m³。

此外，电梯井道应只供电梯使用，不允许布置无关的管线。速度超过 2m/s 的载客电梯，应在井道顶部和底部设置不小于 600mm×600mm 带百叶窗的通风孔。

（2）电梯门厅。电梯井道在停留的每一层都留有洞口，称电梯门厅，具有坚固、美观、适用的特点。在门厅的上部和两侧都应装上门套，门套可采用水泥砂浆抹灰、水磨石、大理石、金属板或木板装修。门洞通常比电梯门宽 100mm，如图 4-46 所示。

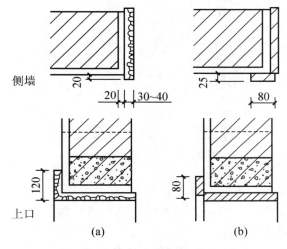

图 4-46 门套的构造

（a）水磨石门套；（b）大理石门套

电梯门一般为双扇推拉门，宽 900～1300mrn。有中央分开推向两边和双扇推向同一边两种。电梯出入口地面应设置地坎，并向电梯井道内挑出牛腿。推拉门的滑槽通常安置在门套下楼板边梁如牛腿状挑出部分，如图 4-47 所示。

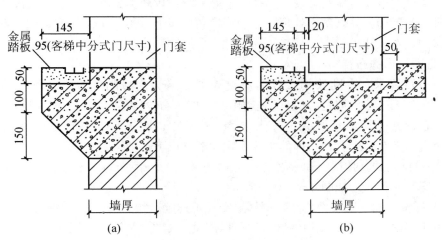

图 4-47 电梯厅地面的牛腿

（a）预制钢筋混凝土；（b）现浇钢筋混凝土

（3）电梯机房。电梯机房一般设置在电梯井道的顶部，少数也有设在底层井道旁边者。机房平面尺寸须根据机械设备尺寸的安排及管理、维修等需要决定，一般至少有两个面每边扩出 600mm 以上的宽度，高度多为 2.7～3.0m。通往机房的通道、楼梯和门的宽度应不小于 1.20m。

机房的围护构件的防火要求应与井道一样。为了便于安装和修理，机房的楼板应按机器设备要求的部位预留孔洞。电梯机房平面示例如图 4-48 所示。

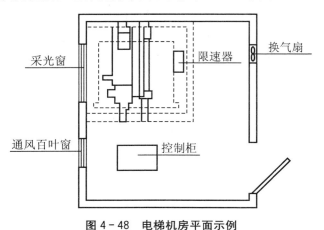

图 4-48　电梯机房平面示例

2. 自动扶梯

自动扶梯是人流集中的大型公共建筑常用的建筑设备。在大型商场、展览馆、火车站、航空港等建筑设置自动扶梯，对方便使用者、疏导人流起到很大的作用。有些占地面积大、交通量大的建筑还要设置自动人行道，以解决建筑内部的长距离水平交通问题。

1）自动扶梯的构造

自动扶梯由电动机械牵引，机房悬挂在楼板的下方，踏步与扶手同步，可以正向、逆向运行，在机械停止运转时，自动扶梯可作为普通楼梯使用。

2）自动扶梯的尺寸

自动扶梯的电动机械装置设置在楼板下面，需占用较大的空间；底层应设置地坑，以供安放机械装置用，并做防水处理。自动扶梯在楼板上应预留足够的安装洞，图 4-49 是自动扶梯的基本尺寸。

3）自动扶梯的布置

（1）布置要求。自动扶梯位置的应设在大厅最为明显的位置。自动扶梯的角度有 27.3°、30°、35° 三种，但是 30° 是优先选用的角度，布置扶梯时应尽可能采用这种角度。

（2）布置方式。自动扶梯一般设在室内，也可以设在室外。根据自动扶梯在建筑中的位置及建筑平面布局，自动扶梯的布置方式主要有以下几种。

① 并联排列式。楼层交通乘客流动可以连续，升降两个方向交通均分离清楚，外观豪华，但安装面积大，如图 4-50(a) 所示。

② 平行排列式。安装面积小，但楼层交通不连续。如图 4-50(b) 所示。

③ 串连排列式。楼层交通乘客流动可以连续，如图 4-50(c) 所示。

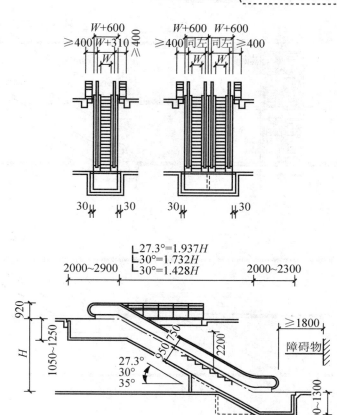

图 4-49　自动扶梯的基本尺寸

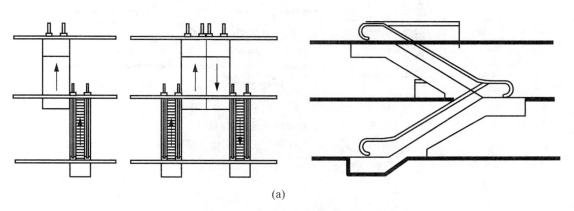

(a)

图 4-50　自动扶梯布置方式

（a）并联排列式

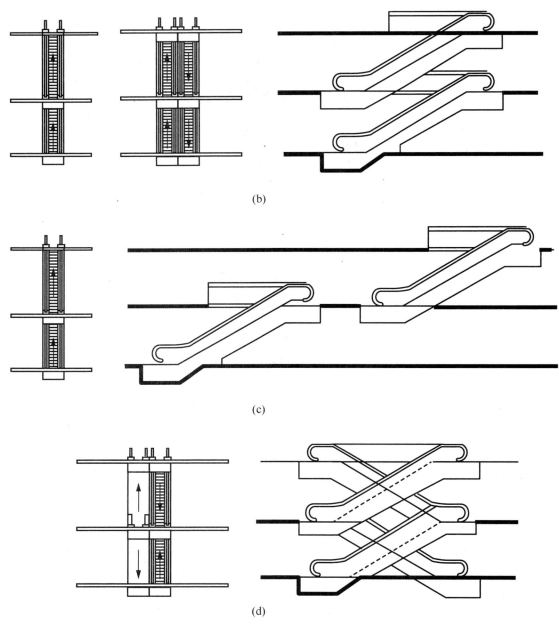

(b)

(c)

(d)

图 4-50　自动扶梯布置方式(续)
(b)平行排列式；(c)串连排列式；(d)交叉排列式

④ 交叉排列式。乘客流动升降两方向均为连续，且搭乘场地相距较远，升降客流不发生混乱，安装面积小，如图 4-50(d)所示。

由于自动扶梯在安装及运行时，需要在楼板上开洞，此处楼板已经不能起到分隔防火分区的作用。如果上下两层建筑面积总和超过防火分区面积要求，应按照防火要求用防火卷帘封闭自动扶梯井。

4.5 屋顶识读训练

屋顶位于建筑物的最顶部，主要有三个作用：一是承重作用，承受作用于屋顶上的风、雨、雪、检修、设备荷载和屋顶的自重等；二是围护作用，防御自然界的风、雨、雪、太阳辐射热和冬季低温等的影响；三是装饰建筑立面，屋顶的形式对建筑立面和整体造型有很大的影响。

屋顶是建筑物围护结构的一部分，是建筑立面的重要组成部分，除应满足自重轻、构造简单、施工方便等要求外，还必须具备坚固耐久、防水排水、保温隔热、抵御侵蚀等功能。

4.5.1 屋顶的组成与形式

屋顶主要由屋面和支承结构所组成，有些还有各种形式的屋顶防水、保温、隔热、隔声及防火等其他功能防御所需要的各种层次和设施。

屋顶的形式与房屋的使用功能、屋面盖料、结构选型以及建筑造型要求等有关。由于以上各种因素的不同，便形成平屋顶、坡屋顶以及曲面屋顶等多种形式，如图 4-51 所示。

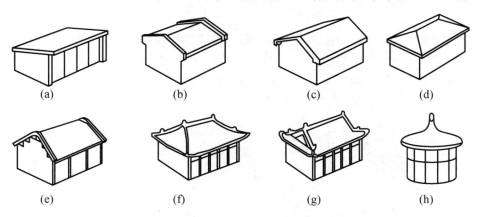

图 4-51 屋顶形式
(a)单坡顶；(b)硬山两坡顶；(c)悬山两坡顶；(d)四坡顶；
(e)卷棚顶；(f)庑殿顶；(g)歇山顶；(h)圆攒尖顶

4.5.2 屋面的坡度

1. 影响屋面坡度的因素

各种屋面的坡度，主要与屋面防水材料的尺寸有关。如坡屋顶中的瓦材，每块覆盖面积小，接缝较多，要求屋面有较大的坡度，便于将屋面雨水迅速排除。常用坡度为1：3～

1：2，最少1：4，最大可达1：1。平屋顶要求屋面成为一个封闭的整体，防水材料之间如有接缝，应做到完全密封，以阻止雨水渗漏。因此排水坡度可以大大降低，一般为1%～3%。

2. 屋面坡度的形成

平屋顶的排水坡度小于5%，形成坡度有两种方法：一种是结构找坡，另一种是材料找坡。

（1）结构找坡。也称搁置坡度。屋顶的结构层根据屋面排水坡度搁置成倾斜，如图4-52所示，再铺设防水层等。这种作法不需另加找坡层，荷载少、施工简便、造价低，但不另吊顶棚时，顶面稍有倾斜。房屋平面凹凸变化时应另加局部垫坡。坡度应不小于3%，如图4-52(a)所示。

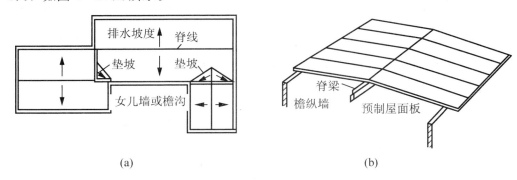

(a)　　　　　　　　　　　　(b)

图4-52　平屋顶搁置坡度
(a)搁置屋面的局部垫坡；(b)纵梁纵墙搁置面板

（2）材料找坡。亦称填坡或建筑坡度。屋顶结构层可像楼板一样水平搁置，采用质量轻、吸水率低和有一定强度的材料，坡度宜为2%，如炉渣加水泥或石灰来垫置屋面排水坡度，上面再做防水层，如图4-53所示。垫置坡度不过大，避免徒增材料和荷载须设保温层的地区，也可用保温材料来形成坡度。

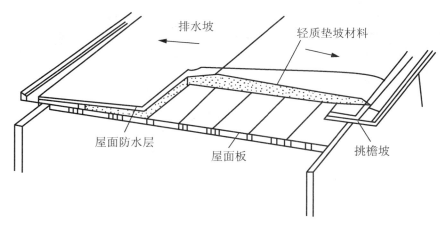

图4-53　平屋顶垫置坡度

3. 屋面排水坡度的要求

（1）屋面排水坡度应根据屋顶结构形式，屋面基层类别，防水构造形式，材料性能及当地气候等条件确定，见表4-4。

表4-4 屋面的排水坡度

屋面类别	屋面排水坡度（%）
卷材防水、刚性防水的平屋面	2～5
平瓦	20～50
波形瓦	10～50
油毡瓦	≥20
网架、悬索结构金属板	≥4
压型钢板	5～35
种植土屋面	1～3

注：1. 平屋面采用结构找坡应不小于3%，采用材料找坡宜为2%。

2. 卷材屋面的坡度不宜大于25%，当坡度大于25%时应采取固定和防止滑落的措施。

3. 卷材防水屋面天沟、檐沟纵向坡度应不小于1%，沟底水落差不得超过200mm，天沟、檐沟排水不等流经变形缝和防火墙。

4. 平瓦必须铺置牢固，地震设防地区或坡度大于50%的屋面，应采取固定加强措施。

5. 架空隔热屋面坡度不宜大于5%，种植屋面坡度不宜大于3%。

（2）卷材防水屋面天沟、檐沟纵向坡度应不小于1%，如图4-54（a）所示，沟底水落差不得超过200mm，如图4-54（b）所示。檐沟排水不得流经变形缝和防火墙。

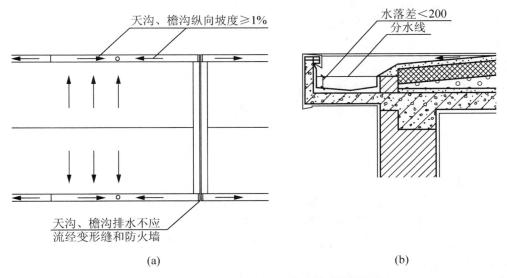

（a） （b）

图4-54 卷材防水屋面天沟、檐沟纵向坡度要求

4.5.3 屋面的基本构造层次

屋面的基本构造层次宜符合表 4－5 的要求。设计人员可根据建筑物的性质、使用功能、气候条件等因素进行组合。

表 4－5　屋面的基本构造层次

屋面类型	基本构造层次（自上而下）
卷材、涂膜屋面	保护层、隔离层、防水层、找平层、保温层、找平层、找坡层、结构层
	保护层、保温层、防水层、找平层、找坡层、结构层
	种植隔热层、保护层、耐根穿刺防水层、防水层、找平层、保温层、找平层、找坡层、结构层
	架空隔热层、防水层、找平层、保温层、找平层、找坡层、结构层
	蓄水隔热层、隔离层、防水层、找平层、保温层、找平层、找坡层、结构层
瓦屋面	块瓦、挂瓦条、顺水条、持钉层、防水层或防水垫层、保温层、结构层
	沥青瓦、持钉层、防水层或防水垫层、保温层、结构层
金属板屋面	压型金属板、防水垫层、保温层、承托网、支承结构
	上层压型金属板、防水垫层、保温层、底层压型金属板、支承结构
	金属面绝热夹芯板、支承结构
玻璃采光顶	玻璃面板、金属框架、支承结构
	玻璃面板、点支承装置、支承结构

注：1. 表中结构层包括混凝土基层和木基层；防水层包括卷材和涂膜防水层；保护层包括块体材料、水泥砂浆、细石混凝土保护层。

2. 有隔汽要求的屋面，应在保温层与结构层之间设隔汽层。

4.5.4 平屋顶的构造

平屋顶是由梁板式的承重结构层上铺设缓坡度而形成的屋顶。一般对于屋面排水坡度小于 10% 的屋顶称为平屋顶，常取 2%～3% 坡度，上人屋面多采用 1%～2%。

1. 平屋顶的排水方式

屋顶排水可分为无组织排水和有组织排水两类。

1）无组织排水

无组织排水又称自由落水，是使屋面的雨水由檐口自由滴落到室外地面，这种作法构造简单、经济、因此只要条件允许应尽可能采用。但是雨水自由落下时，会溅湿勒脚。有风时雨水还会冲刷墙面，一般适用于低层和雨水较少的地区。建筑标准要求较高的房屋，绝大多数采用有组织排水。

2）有组织排水

有组织排水是将屋面划分成若干排水区，按一定的排水坡度把屋面雨水有组织地排到檐沟或雨水口，通过雨水管排泄到明沟中，再通往城市地下排水系统。

有组织排水又可分为有组织外排水和有组织内排水两种。在一般情况下应尽量采用外排水，因为有组织内排水构造复杂，极易造成渗漏。但在多跨房屋的中间跨、高层建筑及寒冷地区为防止水管冰冻堵塞时，可采取内部排水方式，使屋面雨水流入室内雨水管，再由地下水管流至室外排水系统。有组织外排水是民用建筑最常用的方式之一，一般采用檐沟外排水及女儿墙内檐排水两种排水形式。

（1）檐沟外排水屋面，可以根据房屋的跨度和外形需要，做成单坡、双坡或四坡排水，同时在相应的各面设置排水檐沟，如图 4-55 所示。雨水从屋面排至檐沟，沟内垫出不小于 0.5% 的纵向坡度，把雨水引向雨水口经水落管排泄到地面的明沟和集水井。

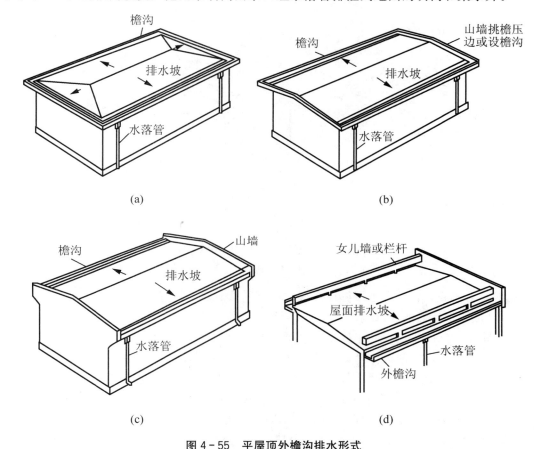

图 4-55 平屋顶外檐沟排水形式
(a)四周檐沟；(b)四周檐沟或上墙挑檐压边；(c)两面檐沟，上墙出顶；
(d)两面檐沟，设女儿墙

（2）女儿墙内檐排水。设有女儿墙的平屋顶，可在女儿墙里面设内檐沟，或近外檐处垫坡排水，雨水口可穿过女儿墙，在外墙外面设落水管，如图 4-56(a)、(b)所示。

大面积、多跨、高层以及特种要求的平屋顶常做成内排水方式，如图 4-56(c)、(d)所示。雨水经雨水口流入室内水落管，再由地下管道把雨水排到室外排水系统。

2. 刚性防水屋面

刚性防水屋面，系以防水砂浆抹面或密实混凝土浇捣而成的刚性材料屋面防水层，其施工方便、节约材料、造价经济和维修较为方便。但是对温度变化和结构变形较为敏感，

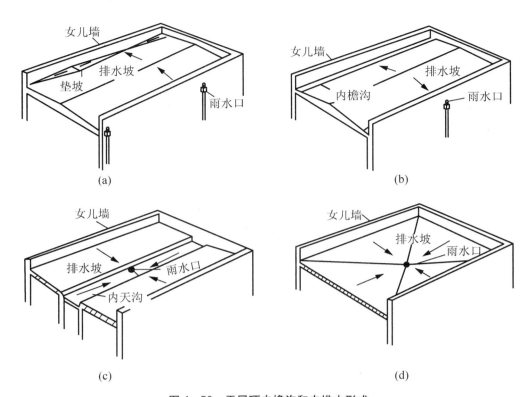

图 4 - 56　平屋顶内檐沟和内排水形式
(a)女儿墙内垫排水坡；(b)女儿墙内檐沟；(c)内天沟排水；(d)内排水

施工技术要求较高，较易产生裂缝而渗漏水，要采取一定的构造措施。

1）刚性防水屋面的防水构造

（1）防水砂浆防水层。防水砂浆防水层一般采用1：3水泥砂浆加3%～5%的防水剂，厚度为25～30mm，分两道抹平。由于砂浆本身干缩变形较大，屋面易发生龟裂、起壳，所以造成渗水的情况较多。目前仅在现浇屋面板上采用，一般不宜用在防水要求高和屋面面积较大的工程上；也不宜用在温度变化较大或有振动的工程上。

（2）细石混凝土防水层。细石混凝土防水层是通过调整混凝土级配、严格控制水灰比以及加强振动捣实而成，或者在混凝土中掺入一些外加剂（如加气剂、防水剂及膨胀剂等），以提高混凝土的密实性和不透水性，从而达到防水的目的。这是目前广泛采用的一种屋面防水层。细石混凝土防水层通常有两种作法：一种是无隔离层的作法，即在钢筋混凝土屋面板上直接浇捣35～40mm厚的细石混凝土，内可配$\phi 4$，双向200mm×200mm钢筋网；另一种是有隔离层的作法，使基层与防水层脱离，避免因屋面基层变形对防水的影响，可用砂、黏土砂浆、废机油或水泥纸袋等做隔离层，如图4-57所示。

2）设置分仓缝

分仓缝亦称分格缝，是防止屋面不规则裂缝以适应屋面变形而设置的人工缝。分仓缝应设置在屋面温度年温差变形的许可范围内和结构变形的敏感部位，如图4-58所示。

由此可见，分仓缝服务的面积宜控制在15～25m²，间距控制在3000～5000mm。在预制屋面板为基层的防水层，分仓缝设置在支座轴线处和支承屋面板的墙和大梁的上部较

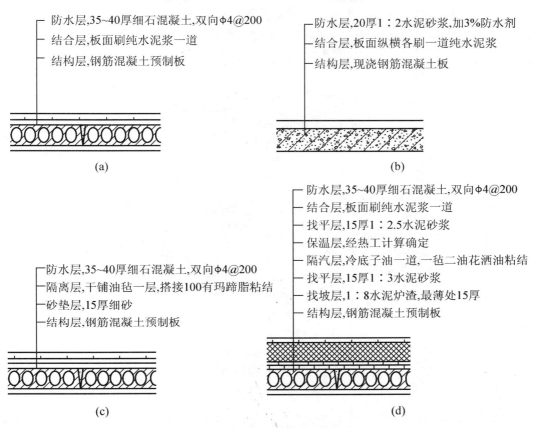

图 4-57　刚性防水屋面常用作法

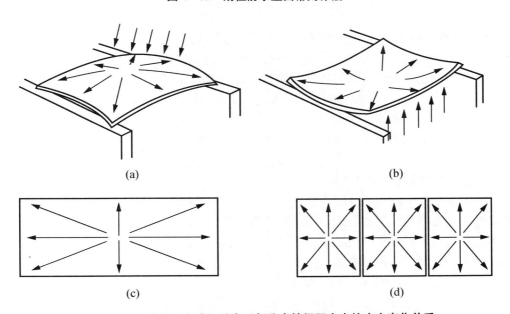

图 4-58　刚性屋面室外温差变形与分仓缝间距大小的应力变化关系

(a)阳光辐射下,屋面内外温度不同出现起鼓状变形；(b)室外气温低,室内温度高,出现挠起状变形分缝仓；
(c)长形屋面温度引起内应力变形大(对角线最大)；(d)设分仓缝后,内应力变形变小

为有利,长条形房屋,进深在 10000mm 以下者可在屋脊设纵向缝;进深大于 10000mm 者,最好在坡中某一板缝上再设一道纵向分仓缝,如图 4-59 所示。

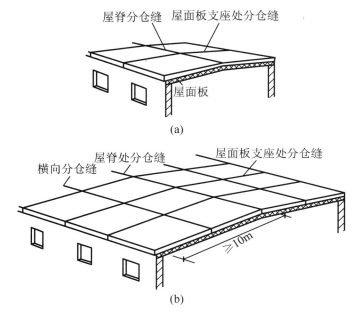

图 4-59 刚性屋面分仓缝的划分

(a)房屋进深小于 10m,分仓缝的划分;(b)房屋进深大于 10m,分仓缝的划分

分仓缝宽度可做 20mm 左右,为了有利于伸缩,缝内不可用砂浆填实,一般用油膏嵌缝,厚度约 20~30mm,为不使油膏下落,缝内用弹性材料泡沫塑料或沥青麻丝填底如图 4-60(a)所示。

横向支座的分仓缝为了避免积水,常将细石混凝土面层抹成凸出表面 30~40mm 高的梯形或弧形的分水线,如图 4-60(b)所示。为了防止油膏老化,可在分仓缝上用卷材贴面,如图 4-60(c)、(d)所示,亦有在防水层的凸口上盖瓦而省去嵌缝油膏的做法,如图 4-60(g)、(h)所示。但要注意盖瓦坐浆方法,不能坐浆太满,以防止出现"爬水"现象,如图 4-60(f)所示。

刚性防水屋面的纵向分仓缝构造,如图 4-61 所示。在屋面有高差处,与墙体也应分开留有分仓缝。

3)刚性防水屋面的节点构造

(1)泛水构造。泛水是指屋面防水层与突出构件之间的防水构造。凡屋面防水层与垂直墙面的交接处均须做泛水处理,如山墙、女儿墙和烟囱等部位,一般做法是将细石混凝土防水层直接引申到垂直墙面上。应尽量使泛水和屋面板上的防水层一次浇成,不留施工缝,泛水部位混凝土应拍打密实,加强养护,否则会使立墙与泛水的粘结面以及泛水本身产生裂缝,引起渗漏,如图 4-62 所示。

迎水面泛水高度应不小于 240mm,非迎水面不小于 180mm。对高出屋面的管道其泛水高度不小于 150mm 即可。

(2)檐口构造。

① 自由落水挑檐。可采用挑梁铺面板,将细石混凝土防水层做到檐口,但要做好板

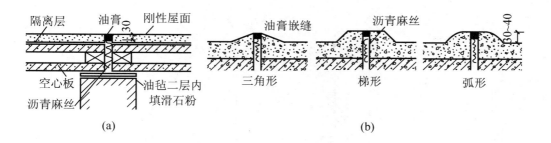

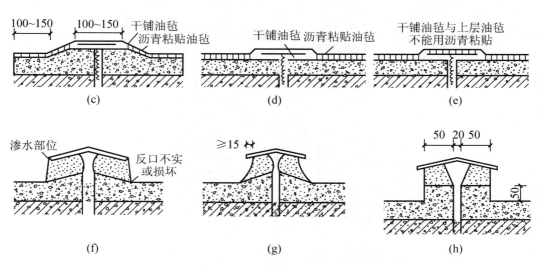

图 4-60　分仓缝节点构造(一)

(a)平缝油膏嵌缝；(b)凸形缝油膏嵌缝；(c)凸缝油毡盖缝；(d)平缝油毡盖缝；(e)贴油毡错误做法；
(f)坐浆不正确引起爬水渗水；(g)正确做法，坐浆缩进；(h)做出反口，坐浆正确

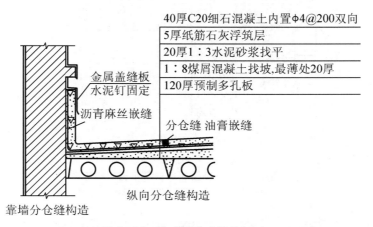

图 4-61　分仓缝节点构造(二)

和挑梁的滴水线，如图 4-63 所示。也可利用细石混凝土直接支模挑出，除设滴水线外，挑出长度不宜过大，要有负弯矩钢筋并设浮筑层。

　　② 檐沟挑檐。有现浇檐沟和预制屋面板出挑檐沟两种。采用现浇檐沟要注意其与屋面板之间变形不同可能引起的裂缝渗水，如图 4-64 所示。在屋面板上设浮筑层时，防水

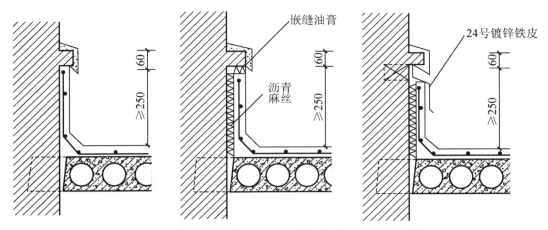

图 4 - 62　刚性屋面泛水构造

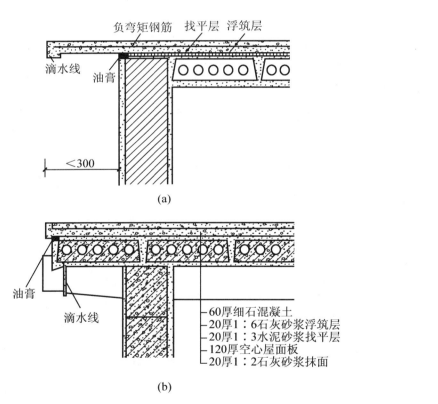

(a)

(b)

图 4 - 63　刚性屋面自由落水檐口构造
(a)屋面直接出挑檐口；(b)挑梁檐口构造

层可挑出 50mm 左右做滴水线，最好用油膏封口。当无浮筑层时，可将防水层直接做到檐沟，并增设构造钢筋。预制屋面板出挑檐口，搁置点须做滑动支座。

③ 包檐外排水。有女儿墙的外排水，一般采用侧向排水的雨水口，在接缝处应嵌油膏，最好上面再贴一段卷材或玻璃布刷防水涂料，铺入管内不少于 50mm，如图 4 - 65(a) 所示。也可加设外檐沟，女儿墙开洞，如图 4 - 65(b)所示。

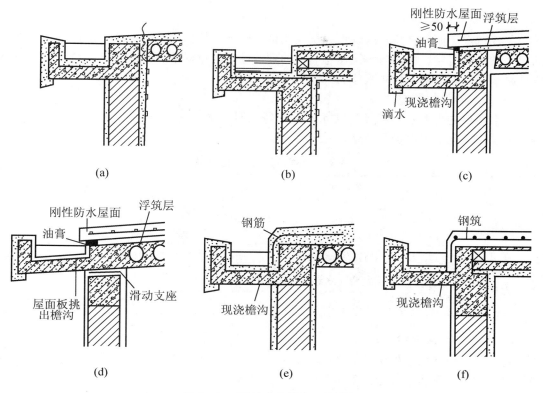

图4-64 刚性防水檐沟挑檐构造

(a)屋面板与檐沟之间易渗漏的部位；(b)屋面板与檐沟之间易渗漏的部位；(c)设浮筑层刚性防水层挑出；

(d)屋面板出挑檐沟，在支座处设滑动支座，刚性防水层挑出下设浮筑层；

(e)刚性防水层做到檐沟；(f)刚性防水层做到檐沟

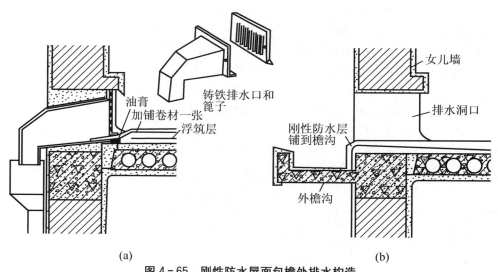

图4-65 刚性防水屋面包檐外排水构造

（a)包檐外排水；(b)外檐沟包檐外排水

3. 柔性防水屋面

柔性防水屋面是将柔性的防水卷材或片材用胶结材料粘贴在屋面上，形成一个大面积的封闭防水覆盖层。这种防水层具有一定的延伸性，能较好地适应结构的温度变形，故称柔性防水屋面，也称卷材防水屋面。

1）防水卷材的类型

防水卷材的类型有沥青卷材防水、高聚物改性沥青防水卷材和合成高分子防水卷材等。根据相关建筑材料资料总结，见表4-6。

表4-6 屋面的基本构造层次

卷材分类	卷材名称举例	卷材胶黏剂
沥青类卷材	石油沥青油毡	石油沥青玛蹄脂
	焦油沥青油毡	焦油沥青玛蹄脂
高聚物改性沥青防水卷材	SBS改性沥青防水卷材	热熔、自黏、粘贴均有
	APP改性沥青防水卷材	BX-12及BX-12乙组合
	三元乙丙丁基橡胶防水卷材	丁基橡胶为主体的双组A与B液1:1

2）卷材防水屋面的基本构造

卷材防水屋面由保护层、隔离层、防水层、找平层、保温层、找平层、找坡层、结构层组成，它适用于防水等级为Ⅰ～Ⅳ级的屋面防水。

（1）保护层。保护层是为了延长油毡防水层的使用期限而设置的，即防老化。

不上人屋面的保护层，一般撒粒径3～6mm的小石子，称为绿豆砂保护层。上人屋面一般做板块保护层。可在防水层上浇筑30～40mm厚的细石混凝土面层，也可用热沥青粘贴400mm×400mm×30mm C20预制细石混凝土板，或20mm厚1:3水泥砂浆铺贴细石混凝土板，或25mm厚粗砂铺细石混凝土板。油毡平屋面常用作法，如图4-66所示。

（2）防水层。防水层由防水卷材和相应的卷材黏结剂分层黏结而成，层数或厚度由防水等级确定。卷材的铺贴方法有冷粘法、热熔法、热风焊接法、自粘法等。卷材可平行或垂直屋顶铺贴。屋面坡度小于3%时，卷材以平行屋脊铺贴；屋面坡度大于15%，沥青防水卷材应垂直屋脊铺贴。

（3）找平层。油毡防水层要求铺设在平整的基层面上，否则会使油毡断裂，当屋面板表面不平时，即应设找平层。找平层一般为1:3水泥砂浆，厚度为15～20mm。当在现浇屋面板上铺油毡防水层时，可以不做找平层。

卷材、涂膜的基层宜设找平层，找平层厚度和技术要求应符合表4-7的要求。

表4-7 找平层厚度和技术要求

找平层分类	适用的基层	厚度/mm	技术要求
水泥砂浆	整体现浇混凝土板	15～20	1:2.5水泥砂浆
	整体材料保温层	20～25	
细石混凝土	装配式混凝土板	30～35	C20混凝土，宜加钢筋网片
	板状材料保温层		C20混凝土

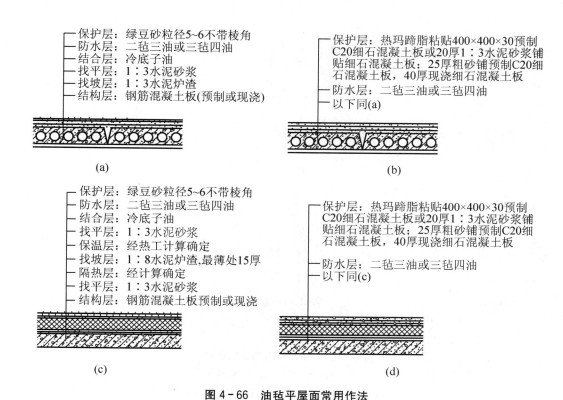

图4-66 油毡平屋面常用作法

(a)不保温、不上人；(b)不保温、上人；(c)保温、不上人；(d)保温、上人

（4）保温层。保温层应根据屋面所需传热系数或热阻选择轻质、高效的保温材料，保温层及其保温材料应符合表4-8的规定。

表4-8 保温层及其保温材料

保温层	保温材料
板状材料保温层	聚苯乙烯泡沫塑料，硬质聚氨酯泡沫塑料，膨胀珍珠岩制品，泡沫玻璃制品，加气混凝土砌块，泡沫混凝土砌块
纤维材料保温层	玻璃棉制品，岩棉、矿渣棉制品
整体材料保温层	喷涂硬泡聚氨酯，现浇泡沫混凝土

（5）结构层。结构层多采用刚度好、变形小的各类钢筋混凝土屋面板。

3）卷材防水屋面的细部构造

（1）泛水。泛水是屋面防水层与垂直墙交接处的防水处理，如图4-67所示。一般用砂浆在转角处做弧形或45°斜面，卷材粘贴至垂直面不少于250mm，以免屋面积水超过卷材而造成渗漏。最后在垂直墙面上应把卷材上口压住，防止卷材张口，造成渗漏。

（2）檐口。自由落水檐口的油毡收头处，由于温度变化，抹灰易空鼓开裂，油毡铺贴到檐口边缘或不铺到边缘，均易脱开渗水。采用油膏嵌实，绿豆砂保护可有所改进，如图4-68所示。

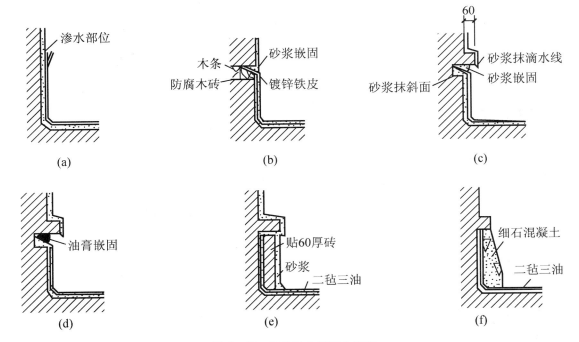

图 4 - 67　油毡防水层泛水作法

(a)油毡开口渗水；(b)铁皮压毡；(c)砂浆嵌固；(d)油膏嵌固；
(e)压砖抹灰泛水；(f)混凝土压毡泛水

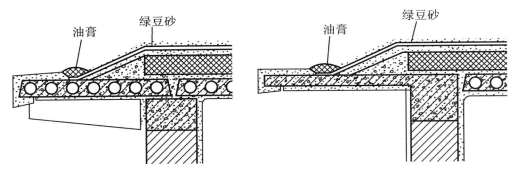

图 4 - 68　自由落水檐口构造

（3）雨水口。雨水口是屋面雨水排至雨水管的交汇点。通常设在檐沟内或女儿墙根处。该处是防水的薄弱环节，要求排水通畅，防水严密。若处理不当极易漏水。在构造上雨水口必须加铺一层油毡，并铺入雨水口内，用油膏嵌缝，雨水口在檐沟内采用铸造铁定型配件，上设搁栅罩或镀锌丝网罩。穿过女儿墙的雨水口，采用侧向铸铁雨水口，其构造如图 4 - 69 所示。在雨水口四周一般坡度为 2%～3%。

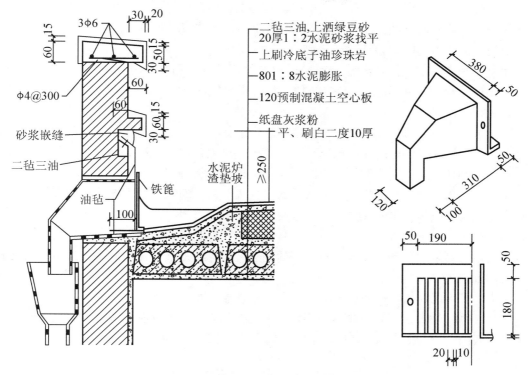

图 4 - 69　女儿墙雨水口构造

4.6　门窗识读训练

门和窗是房屋建筑中两个不可缺少的围护构件。门的主要作用是交通联系，并兼采光和通风；窗的主要作用是采光、通风和眺望。在不同的情况下，门和窗还有分隔、保温、隔热、隔声、防水、防火、防尘、防辐射及防盗等功能。对门的基本要求是功能合理、坚固耐用、开启方便、关闭紧密、便于维修。

门窗对建筑立面构图及室内装饰效果的影响也较大，它的尺度、比例、形状、位置、数量、组合，以及材科和造型的运用，都影响着建筑的艺术效果。

4.6.1　门窗的类型

常用门窗的材料有木、钢、铝合金、塑料、玻璃等。

1. 门的类型

门的开启方式是由使用方式要求决定的，按开启方式分类通常有以下几种，如图 4 - 70 所示。

（1）平开门——水平方向开启的门，如图 4 - 70(a)所示。铰链安在侧边，有单扇、双扇，有向内开、向外开之分。

特点：构造简单、开关灵活，制作安装和维修均较方便。

用途：它是建筑中使用最广泛的门。

（2）弹簧门——形式同平开门，稍有不同的是，弹簧门的侧边用弹簧铰链或下面用地弹簧转动，开启后能自动关闭。如图4-70（b）所示。多数为双扇玻璃门，能内外弹动。少数为单扇或单向弹动门，如纱门。

特点：制作简单，开启灵活、使用方便（弹簧门的构造和安装比平开门稍复杂）。

用途：适用于人流出入较频繁或有自动关闭要求的场所。此时，门上一般都安装玻璃，以免相互碰撞。

（3）推拉门——可以在上下轨道上滑行的门。如图4-70（c）所示。推拉门有单扇和双扇之分，可以藏在夹墙内或贴在墙面外，占地少，受力合理，不易变形。

特点：制作简单、开启时所占空间较少，但构造较复杂。

用途：适用于两个空间需要扩大联系的多种大小洞口的民用及工业建筑。在人流众多的地方，还可以采用光电管或触动式设施使推拉门自动启闭。

（4）折叠门——为多扇折叠，可以拼合折叠推移到侧边的门，如图4-70（d）所示。传动方式简单者可以同平开门一样，只在门的侧边装铰链；复杂者在门的上边或下边需装轨道及转动五金配件。

特点：开启时所占空间少，五金较复杂，安装要求高。

用途：适用于两个空间需要扩大联系的各种大小洞口，由于其结构复杂，目前已很少用。

（5）转门——为三或四扇连成风车形，在两个固定弧形门套内旋转的门，如图4-70（e）所示。

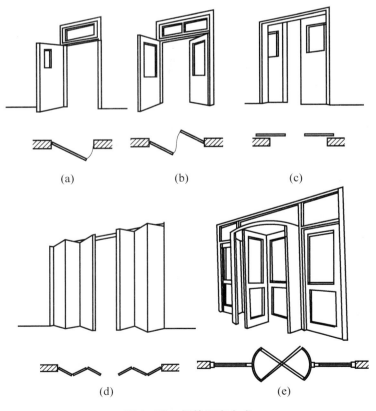

图4-70 门的开启方式
（a）平开门；（b）弹簧门；（c）推拉门；（d）折叠门；（e）转门

特点：使用时可以减少室内冷气或暖气的损失，但制作复杂，造价较高。

用途：常作为公共建筑及有空气调节器房屋的外门。同时，在转门的两旁应另设平开门或弹簧门，以在不需要空气调节器的季节或有大量人流疏散时使用。北方地区公共建筑常用。

2. 窗的类型

窗的开启方式主要取决于窗扇转动的五金连接件中铰链的位置及转动方式，通常有以下几种，如图4-71所示。

（1）固定窗——不能开启的窗，如图4-71（a）所示。一般将玻璃直接装在窗框上，尺寸可较大。

特点：构造简单，制作方便。

用途：只能用做采光或装饰用。

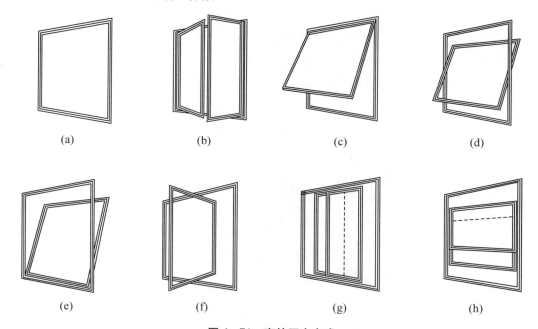

图4-71 窗的开启方式
(a)固定窗；(b)平开窗；(c)上悬窗；(d)中悬窗；(e)下悬窗；
(f)立转窗；(g)水平推拉窗；(h)垂直推拉窗

（2）平开窗——这是一种可以水平开启的窗，有外开、内开之分，如图4-71（b）所示。

特点：构造简单，制作、安装和维修均较方便。

用途：在一般建筑中使用最为广泛。

（3）悬窗——转动铰链或转轴的位置不同可以分为上悬窗、中悬窗和下悬窗，如图4-71（c）、（d）、（e）所示。上悬窗一般向外开启，铰链安装在窗扇的上边，防雨效果好，常用于高窗和门上的亮子。中悬窗的铰链安装在窗扇中部，窗扇开启时，上部向内，下部向外，有利于防雨通风，常用于高窗。下悬窗铰链安装在窗扇的下边，一般向内开。

（4）立转窗——这是一种可以绕竖轴转动的窗，如图4-71（f）所示。

特点：竖轴沿窗扇的中心垂线而设，或略偏于窗扇的一侧。通风效果好，但不够严

密，防雨、防寒性能差。

（5）推拉窗——分可以左右或垂直推拉的窗，如图 4 - 71(g)、(h)所示。水平推拉窗需上下设轨槽，垂直推拉窗需设滑轮和平衡重。推拉窗开关时不占室内空间，但推拉窗不能全部同时开启，可开面积最大不超过二分之一的窗面积。水平推拉窗扇受力均匀，所以窗扇尺寸可以做得较大，但五金件较贵。

特点：开启时不占室内空间，窗扇和玻璃的尺寸均可较平开窗为大，但推拉窗不能全部开启，通风效果受到影响。在实际工程中大量采用。

4.6.2 木门窗的构造

1. 木门的构造

1）木门的组成

木门一般由门框、门扇和五金配件组成。

门框由边框、上框、中横框和中竖框组成。门窗由边梃、上冒头、中冒头、下冒头、门芯板和玻璃组成，如图 4 - 72 所示。

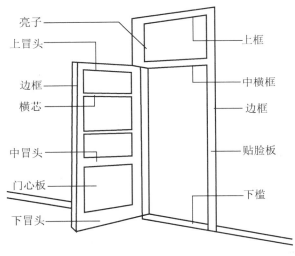

图 4 - 72 单扇门的组成

木门因门扇的形式、材料不同，可分为胶合板门、镶板门、拼板门、大玻璃门及镶板玻璃门等。

2）木门框

木门框各组成部分的形式基本与木窗框相同，其断面尺寸较大于木窗框。

当门的高度较高时，门的上部设有亮子又称腰头窗，亮子可作为固定玻璃或以悬窗的形式开启。

门框的安装除其尺寸较大外，方法及构造基本与木窗框相同。因门开启频率高、质量大，开启关闭易碰撞振动，在门框与墙面粉刷交接处内外两侧都分别设贴脸板或压缝条。对于装修要求高的门可做门筒子板。

3）木门扇

木门扇因用料和形式不同，可分为胶合板门、镶板门、半截玻璃门、大玻璃门及拼板门。

2. 木窗的构造

1) 木窗的组成

木窗主要由窗框（又称窗樘）和窗扇组成，在窗扇和窗框间，为了开启和固定，常设有铰链、风钩、插销等五金构件。根据不同的装修要求，又是要在窗框和墙连接处增加窗台板、贴脸、窗帘盒等附件，如图4-73所示。

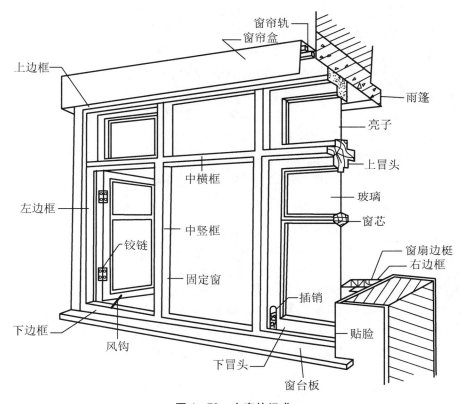

图4-73 木窗的组成

传统的安装方式有立口和塞口两种，现常用塞口，窗的尺寸选择必须符合采光通风要求、结构构造要求、建筑造型要求及模数制作要求，使用时按标准图选用。

2) 木窗框

窗框固定于墙或柱上，其上安装窗扇，窗樘是窗扇与墙体的连接件。木窗框的断面尺寸按窗面积的大小而定，一般单层窗木窗框边框和上下框的厚度为40～60mm，宽度为70～95mm，中横框因便于滴水需要加大了伸出长度，其厚度为50～60mm，宽度为90～120mm。中竖框的厚度为50～60mm，宽度为70～95mm，与边框相同。双层木窗的材料尺寸大于单层木窗。在木窗的材料加工中，因制作刨光面层需消耗部分材料，单面刨光一般刨去厚度3mm，双面刨一般刨去5mm。

3) 木窗扇

窗扇是窗的开启与关闭的配件。窗扇通过铰链支承在窗框上。

窗扇的厚度为35～40mm，上冒头和边梃的宽度按窗扇面积的大小决定，一般为55～

65mm，下冒头因要设置滴水槽或加披水条，其宽度为 65～95mm。窗芯宽度为 35～45mm。窗扇安装玻璃，在上下冒头、边梃和窗芯上都需要有一条宽 8～12mm 的铲口，铲口的深度按玻璃的厚度决定，一般为 12～15mm。

4.6.3　其他材料的门窗

1. 铝合金门窗

铝合金门窗质轻高强，具有良好的气密性，对有隔声、保温、隔热、防尘等特殊要求建筑环境地区的建筑尤为适用。

常用的铝合金门窗有推拉门窗、平开门窗、固定门窗等。

铝合金门窗的施工方式是塞口。窗框外侧用螺钉固定着钢质锚固件，安装时与墙、柱中的预埋件焊接或铆接，最后填入砂浆或其他密封材料密固。铝合金门窗根据玻璃面积大小和抗风等强度要求及隔声、遮光、热工等要求，可选用 3～8mm 厚度的平板玻璃、镀膜玻璃、钢化玻璃或中空玻璃，用橡胶压条密封固定。活动窗扇四周都有橡胶密封条与固定框保持密闭，并避免金属框料之间相互碰撞。

铝合金材料热导率大，为改善铝合金门窗的热工性能，可采用塑料绝缘夹层的复合材料门窗。

2. 塑料门窗

塑料门窗具有质轻、耐水、耐腐蚀、阻燃、抗冲击、美观新颖等优点，保温隔热性能比铝合金门窗好。

普通塑料门窗的刚度较差，弯曲变形较大，因此尺寸较大或承受风压较大的塑料门窗，需在塑料型材中衬加强筋来提高门窗的刚度，由于塑料门窗变形较大，传统的用水泥砂浆等刚性材料填封墙与窗框缝隙的做法不宜采用，最好采用矿棉或泡沫塑料等软质材料，再用密封胶封缝，以提高塑料门窗的密封和绝缘性能，并避免塑料门窗变形造成的开裂。

4.7　变形缝识读训练

建筑物在温度变化、地基不均匀沉降和地震等外界因素的作用下，在结构内部将产生附加应力和变形，造成建筑物的开裂和变形，甚至引起结构破坏，影响建筑物的安全使用。为避免发生上述情况，除加强房屋的整体性，使其具有足够的强度和刚度外，还可在房屋结构薄弱的部位设置构造缝，把建筑物分成若干个相对独立的部分，以保证各部分能自由变形、互不干扰。这种在建筑各个部分之间人为设置的构造缝称为变形缝，如图 4 - 74 所示。

按其功能的不同，变形缝可分为伸缩缝、沉降缝和防震缝三种类型。

（1）伸缩缝：也称温度缝。由于冬夏和昼夜之间气温的变化，引起建筑物构配件因热胀冷缩而产生附加应力和变形。为了避免这种因温度变化引起的破坏，通常沿建筑物长度方向每隔一定距离预留一定宽度的缝隙。

（2）沉降缝：是为了预防建筑物各部分由于不均匀沉降引起的破坏而设置的变形缝。

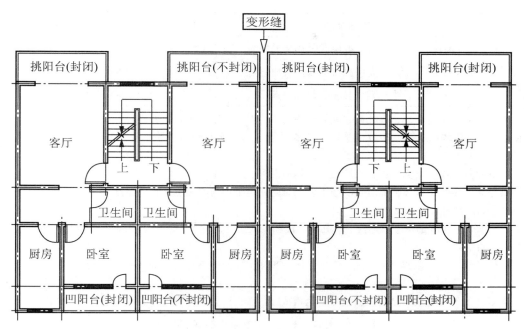

图 4-74 建筑物变形缝示意图

（3）防震缝：它的作用是将建筑物分成若干体型简单、结构刚度均匀的独立单元，以防止建筑物的各部分在地震时相互拉伸、挤压或扭转，造成变形和破坏。

因此，墙体变形缝的构造要保证建筑物各独立部分能自由变形。在外墙处应做到不透风、不渗水、能够保温隔热，缝内需用防水、防腐、耐久性好、有弹性的材料，如沥青麻丝、玻璃棉毡、泡沫塑料等填充。

4.7.1 伸缩缝

1. 伸缩缝的设置

在长度或宽度较大建筑物中，为避免由于温度变化引起材料的热胀冷缩而产生的内应力累计造成的构件破坏和变形，通常沿建筑物长度方向每隔一定距离预留一定宽度的缝隙，宽度一般为 20～30mm。伸缩缝的间距与结构材料、类型、施工方式、环境因素有关，见表 4-9 和表 4-10 的规定。

表 4-9　砌体房屋伸缩缝的最大间距

屋盖或楼盖类别		间距/m
整体式或装配整体式钢筋混凝土结构	有保温层或隔热层的屋盖、楼盖	50
	无保温层或隔热层的屋盖	40
装配式无檩体系钢筋混凝土结构	有保温层或隔热层的屋盖、楼盖	60
	无保温层或隔热层的屋盖	50

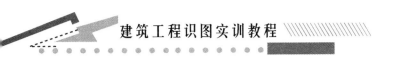

续表

屋盖或楼盖类别		间距/m
装配式有檩体系钢筋混凝土结构	有保温层或隔热层的屋盖	75
	无保温层或隔热层的屋盖	60
瓦材屋盖、木屋盖或楼盖、轻钢屋盖		100

注：1. 对烧结普通砖、多孔砖、配筋砌块砌体房屋取表中数值；对石砌体、蒸压灰砂砖、蒸压粉煤灰砖和混凝土砌块房屋取表中数值乘以 0.8 的系数。当有实践经验并采取有效措施时，可不遵守本表规定。

2. 在钢筋混凝土屋面上挂瓦的屋盖应按钢筋混凝土屋盖采用。

3. 按本表设置的墙体伸缩缝，一般不能同时防止由于钢筋混凝土屋盖的温度变形和砌体干缩变形引起的墙体局部裂缝。

4. 层高大于 5m 的烧结普通砖、多孔砖、配筋砌块砌体结构单层房屋，其伸缩缝间距可按表中数值乘以 1.3 的系数。

5. 温差较大且变化频繁地区和严寒地区不采暖的房屋及构筑物墙体的伸缩缝的最大间距，应按表中数值予以适当减小。

6. 墙体的伸缩缝应与结构的其他变形缝相重合，在进行立面处理时，必须保证缝隙的伸缩作用。

表 4-10　钢筋混凝土结构房屋伸缩缝的最大间距

项次	结构类型		室内或土中/m	露天/m
1	排架结构	装配式	100	70
2	框架结构	装配式	75	50
		现浇式	55	35
3	剪力墙结构	装配式	65	40
		现浇式	45	30
4	挡土墙及地下室墙壁等结构	装配式	40	30
		现浇式	30	20

注：1. 装配整体式结构房屋的伸缩缝间距宜按表中现浇式的数值取用。

2. 框架-剪力墙结构或框架-核心筒结构房屋的伸缩缝间距可根据结构的具体布置情况取表中框架结构与剪力墙结构之间的数值。

3. 当屋面无保温或隔热措施时，框架结构、剪力墙结构的伸缩缝间距宜按表中露天栏的数值取用。

4. 现浇挑檐、雨罩等外露结构的伸缩缝间距不宜大于 12m。

2. 伸缩缝的构造

伸缩缝要求将建筑物的墙体、楼层、屋顶等地面以上的构件在结构和构造上全部断开，由于基础埋置在地下，受温度变化影响较小，不必断开。

1）墙体伸缩缝的构造

根据墙体的厚度和所用材料不同，伸缩缝可做成平缝、高低缝和企口缝等形式，如图 4-75 所示。伸缩缝的宽度一般为 20～30mm。为减少外界环境对室内环境的影响以及考虑建筑立面处理的要求，需对伸缩缝进行嵌缝和盖缝的处理，缝内一般填沥青麻丝、油膏、泡沫塑料等材料，当缝口较宽时，还应用镀锌铁皮、彩色钢板、铝皮等金属调节片覆盖，一般外侧缝口用镀锌薄钢板或铝合金片盖缝，内侧缝口用木盖缝条盖缝。

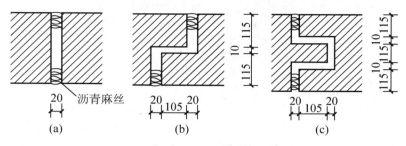

图 4-75　墙体伸缩缝的构造

(a)平缝；(b)高低缝；(c)企口缝

2）楼地板层伸缩缝的构造

楼地板层伸缩缝的位置和缝宽应与墙体、屋顶伸缩缝一致。伸缩缝的处理应满足地面平整、光洁、防滑、防水和防尘等要求，可用油膏、沥青麻丝、橡胶、金属等弹性材料进行封缝，然后在上面铺钉活动盖板或橡胶、塑料板等地面材料。顶棚盖缝条只固定一侧，以保证两侧构件能自由伸缩变形。

3）屋顶伸缩缝的构造

屋顶伸缩缝的处理应考虑屋面的防水构造和使用功能要求。一般不上人屋面，如卷材防水屋面，可在伸缩缝两侧加砌矮墙，并做好泛水处理，但在盖缝处应保证自由伸缩而不漏水。上人屋面，如刚性防水屋面，可采用油膏嵌缝并做泛水。

4.7.2　沉降缝

1. 沉降缝的设置

沉降缝一般与伸缩缝合并设置，兼起伸缩缝的作用，但伸缩缝不可代替沉降缝。沉降缝的形式与伸缩缝基本相同，只是盖缝板在构造上应保证两侧单元在竖向能自由沉降。

1）沉降缝的设置要求

当建筑物有下列情况时，均应考虑设置沉降缝。

(1) 同一建筑物相邻两部分高差在两层以上或超过 10m 时。

(2) 建筑物建造在地基承载力相差较大的土壤上时。

(3) 建筑物的基础承受的荷载相差较大时。

(4) 原有建筑物和新建、扩建的建筑物之间。

(5) 相邻基础的宽度和埋深相差悬殊时。

(6) 建筑物体形比较复杂，连接部位又比较薄弱时。

2）沉降缝的设置宽度

沉降缝的宽度与地基的性质和建筑物的高度有关。一般地基土越软弱、建筑高度越大，沉降缝宽度越大；反之，宽度则较小。不同地基条件下的沉降缝宽度见表 4-11 的规定。

表 4 - 11 沉降缝的宽度

地基情况	建筑物高度	沉降缝宽度/mm
一般地基	H 小于 5m	30
	$H=5\sim10$m	50
	$H=10\sim15$m	70
软弱地基	2～3 层	50～80
	4～5 层	80～120
	5 层以上	大于 120
湿陷性黄土地基		不小于 30～70

2. 沉降缝的构造

墙身沉降缝与相应基础沉降缝方案有关。

(1) 采用偏心基础时，其上为双承重墙，如图 4 - 76(a)所示。

(2) 采用挑梁基础时，其上为一承重墙和一轻质隔墙，如图 4 - 76(b)所示。

(3) 采用交叉基础时，墙体为承重或非承重双墙，如图 4 - 76(c)所示。

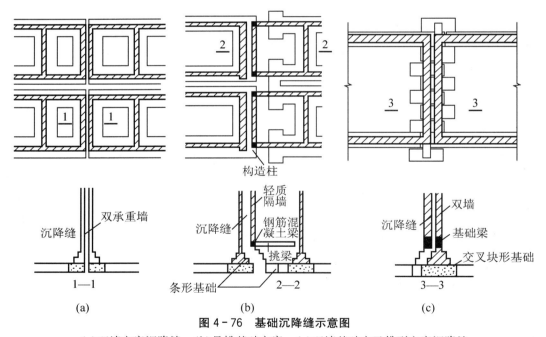

图 4 - 76 基础沉降缝示意图

(a)双墙方案沉降缝；(b)悬挑基础方案；(c)双墙基础交叉排列方案沉降缝

4.7.3 防震缝

1. 防震缝的设置

对于多层砌体建筑，当遇到下列情况时，应结合抗震设计规范要求设置防震缝。

(1) 当建筑平面形体复杂且有较长的凸出部分时，如 L 形、U 形、T 形、山形等，应设缝将它们分开，使各部分平面形成简单规整的独立单元。

（2）建筑物立面高差在 6m 以上，或建筑有错层且错层楼板高差较大。

（3）建筑物相邻部分的结构刚度和质量相差悬殊时。

2. 防震缝的设置宽度

防震缝的宽度一般根据所在地区的地震烈度和建筑物的高度来确定。一般多层砌体结构建筑的缝宽为 50～100mm。多层钢筋混凝土框架结构中，建筑物高度在 15m 及 15m 以下时，缝宽为 70mm。

当建筑物高度超过 15m 时，按地震烈度在缝宽 70mm 的基础上增大的缝宽为：地震烈度 7 度，建筑物每增高 4m，缝宽增加 20mm；地震烈度 8 度，建筑物每增高 3m，缝宽增加 20mm；地震烈度 9 度，建筑物每增高 2m，缝宽增加 20mm。

3. 防震缝的构造

1）防震缝两侧结构的布置

防震缝应沿建筑的全高设置，缝的两侧应布置墙或柱，形成双墙、双柱或一墙一柱，使各部分封闭，增加刚度，如图 4 - 77 所示。由于建筑物的底部受地震影响较小，一般情况下基础不设防震缝。当防震缝与沉降缝合并设置时，基础也应设缝断开。

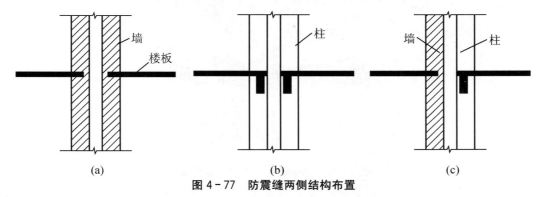

图 4 - 77 防震缝两侧结构布置

（a）双墙方案；（b）双柱方案；（c）一墙一柱方案

2）墙体防震缝的构造

由于防震缝的宽度较大，因此在构造上应充分考虑盖缝条的牢固性和适应变形的能力，做好防水、防风措施。

防震缝处应用双墙使缝两侧的结构封闭，其构造要求与伸缩缝相同，但不应做错口缝和企口缝，缝内不填任何材料。由于防震缝的宽度较大，构造上更应注意盖缝的牢固、防风沙、防水和保温等问题。

4.8 单层工业厂房识读训练

单层厂房在工业建筑中获得广泛的应用。采用单层厂房，生产工艺流程相对简洁，地面可以放置比较大型的机器设备和生产资料，内部的生产运输也容易组织。随着建筑材料的性能进一步改善以及设计方法的不断更新，实际工程中出现了很多新型的单层厂房形式，在经济性、适用性及安全性等方面都能满足实际项目的需要。

单层工业厂房的结构支承方式基本上可分为承重墙结构与骨架结构两类。仅当厂房的

跨度、高度、起重机荷载较小及地震烈度较低时才使用承重墙结构；当厂房的跨度、高度、起重机荷载较大及地震烈度较高时，广泛采用骨架承重结构。我国单层工业厂房广泛采用钢筋混凝土排架结构，即柱与基础刚接，柱与屋架或屋面梁铰接的面骨架结构。

钢筋混凝土排架结构主要由承重结构和围护结构两部分组成。承重结构主要由基础、基础梁、柱、起重机梁、连系梁、圈梁、屋面梁和屋架、屋面板等构件组成。围护结构包括外墙、屋面、地面、门窗、天窗等，如图 4-78 所示。

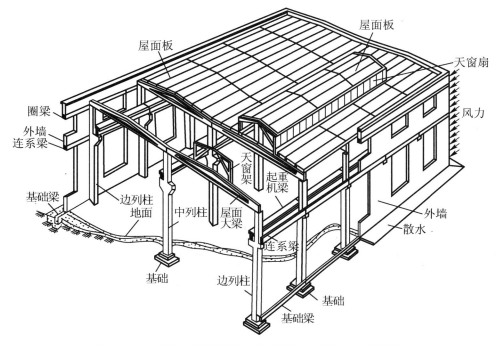

图 4-78 单层工业厂房装配式钢筋混凝土骨架及主要构件

4.8.1 基础

单层工业厂房的基础一般做成独立柱基础，其形式有杯形基础、板肋基础、薄壳基础等。当结构荷载比较大而地基承载力又较小时，则可采用杯形基础或桩基础。基础所用混凝土等级一般不低于 C15，为了方便施工放线和保护钢筋，基础底部通常要铺设 C7.5 的素混凝土垫层，厚度一般为 100mm。单层厂房一般采用预制装配式钢筋混凝土排架结构，厂房的柱距与跨度较大。

厂房基础多采用独立钢筋混凝土基础，有现浇柱下基础和预制柱下杯形基础(图 4-79)两种形式。

4.8.2 基础梁

一般厂房常将外墙或内墙砌筑在基础梁上，基础梁两端搁置在柱基础的杯口顶面，这样可使内、外墙和柱沉降一致，使墙面不易开裂。

基础梁的截面形状常用梯形，有预应力与非预应力混凝土两种，其外形与尺寸，如图 4-80(a)所示，基础梁长度标志尺寸一般为 6m。梯形基础梁预制较为方便，它可利用

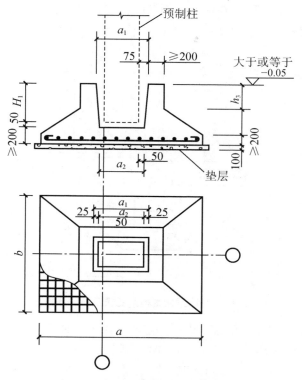

图4-79 预制柱下杯形基础

已制成的梁做模板，如图4-80(b)所示。

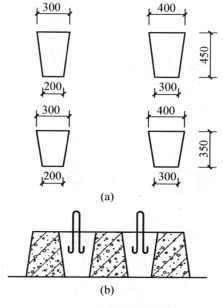

图4-80 基础梁截面形式

基础梁顶面标高至少应低于室内标高50mm，比室外地坪标高至少应高100mm，并且不单作防潮层。基础梁底回填土时一般不需要夯实，并留有不少于100mm的空隙，以

利于基础梁随柱基础一起沉降。在保温、隔热厂房中，为防止热量沿基础梁流失，可铺设松散的保温、隔热材料，如炉渣、干砂等，同时，在外墙周围做散水坡，如图 4-81 所示。松散材料的厚度宜大于 300mm。

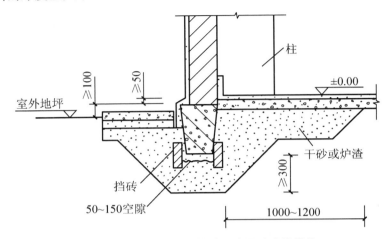

图 4-81 基础梁搁置构造要求及防冻胀措施

基础梁搁置在杯形基础顶面的方式，视基础埋置深度而异，如图 4-82 所示。当基础杯口顶面与室内地坪的距离不大于 500mm 时，则基础梁可直接搁置在杯口上。当基础杯口顶面与室内地坪的距离大于 500mm 时，可设置 C15 混凝土垫块搁置在杯口顶面，垫块的宽度当墙厚 370mm 时为 400mm；当墙厚 240mm 时为 300mm。当基础埋置很深时，也可设置高杯口基础或在柱上设牛腿来搁置基础梁。

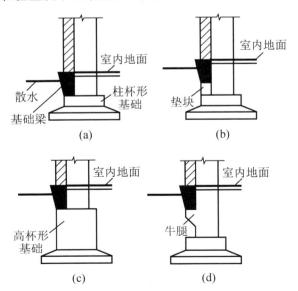

图 4-82 基础梁与基础的连接
(a)放在柱基础顶面；(b)放在混凝土垫块上；(c)放在高杯口基础上；(d)放在柱牛腿上

4.8.3 柱

柱是厂房的竖向承重构件，主要承受屋盖和起重机梁等竖向荷载、风荷载及起重机产生的纵向和横向水平荷载，有时还承受墙体、管道设备等荷载，并且将这些荷载连同自重全部传递至基础。

柱子按位置可分为边列柱、中列柱、高低跨柱等；按材料可分为钢柱、钢筋混凝土柱、砖柱。砖柱的截面一般为矩形，钢柱的截面一般采用格构形。目前钢筋混凝土柱应用较广泛，钢筋混凝土柱子类型，如图4-83所示。

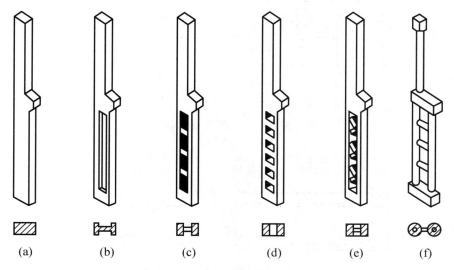

图4-83 基础梁与基础的连接

(a)矩形；(b)工字形；(c)工字形带孔；(d)平腹杆；(e)斜腹杆；(f)双肢管柱

4.8.4 起重机梁

当厂房设有桥式起重机(或支承式梁式起重机)时，需在柱牛腿上设置起重机梁，并在起重机梁上敷设轨道供起重机运行。因此，起重机梁直接承受起重机的自重和起吊物件的重量，以及刹车时产生的水平荷载。

（1）起重机梁一般用钢筋混凝土制成，有非预应力和预应力混凝土两种。常见的起重机梁截面形式有等截面和变截面两种，等截面如T形、工字形等，变截面有折线形、鱼腹形、格架式等。T形起重机梁的上部翼缘较宽，如图4-84所示。

（2）起重机轨道分为轻轨、重轨、方钢三种形式，根据各种起重机的技术规格推荐用型号选定。

（3）起重机梁两端上下边缘各埋有钢件，供与柱子连接用，如图4-85所示。在预制和安装起重机梁时应注意预埋件位置。由于端柱外伸缩缝处的柱距不同，在起重机梁的上翼缘处应留有固定轨道用的预留孔，腹部预留滑触线安装孔。有车挡的起重机梁应预留与车挡连接用的钢管或预埋件。

起重机梁与柱的连接多采用焊接。为承重起重机横向水平刹车力，起重机梁上翼缘与柱间须用钢板或角钢与柱焊接。为承受起重机梁竖向压力，起重机梁底部安装前应焊接上

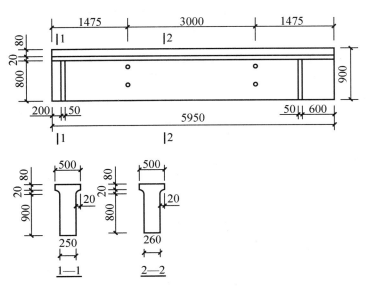

图 4-84 T 形起重机梁

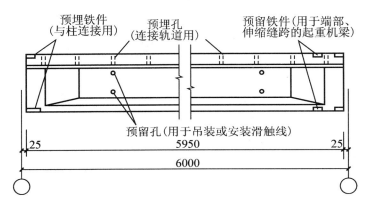

图 4-85 起重机梁的预埋件

一块垫板(或称支承钢板)与柱牛腿顶面预埋钢板焊牢,如图 4-86 所示。起重机梁的对头空隙、起重机梁与柱之间的空隙均须用 C20 混凝土填实。

4.8.5 屋面梁和屋架

屋面梁和屋架是屋盖结构的主要承重构件,直接承受屋面荷载,有的还要承受悬挂式梁式起重机、天窗架、管道或生产设备等荷载,对厂房的安全、刚度、耐久性、经济性等起着至关重要的作用。其制作材料有钢筋混凝土、型钢、木材等。

(1)屋面梁有单坡和双坡两种形式,可用于单坡或双坡屋面。用于单坡屋面的跨度有 6m、9m 和 12m 三种,用于双坡屋面的跨度有 9m、12m、15m 和 18m 四种,如图 4-87 所示。屋面坡度较平缓,一般为 1/10,适用于卷材防水屋面和非卷材防水屋面。

(2)屋架种类很多,常用的有三角形屋架、拱形屋架和梯形屋架等。

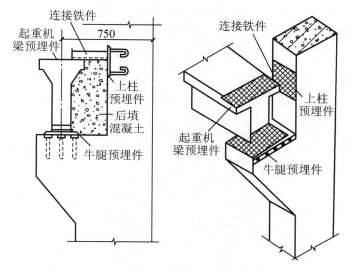

图4-86 起重机梁与柱的连接

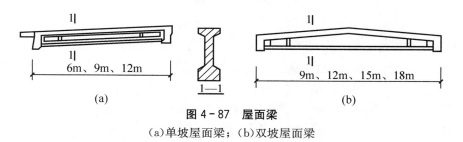

图4-87 屋面梁

（a）单坡屋面梁；（b）双坡屋面梁

4.8.6 屋面板

屋面板大致有预应力钢筋混凝土屋面板和F形屋面板。

（1）预应力钢筋混凝土屋面板。外形尺寸常用 1.5m×6.0m 规格。当柱距为 9m、12m 时也可采用 1.5m×9.0m、3.0m×12.0m 规格的屋面板。适用于中大型和振动较大，对于屋面刚度要求较高的厂房，如图4-88所示。

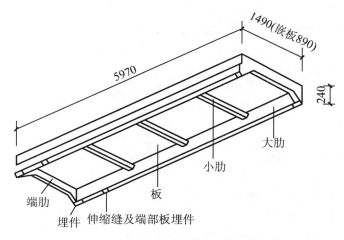

图4-88 预应力钢筋混凝土屋面板

（2）F形屋面板，是一种结构自防水覆盖构件，屋面板三个周边设有挡水反口（挡水条），纵向板缝间采用挑檐搭接方法，横向板缝用盖瓦盖缝，屋脊处用脊瓦盖缝，如图4－89所示。这种屋面板一般用于无保温要求而对屋面刚度及防水要求较高的厂房和辅助建筑，北方地区较少采用。

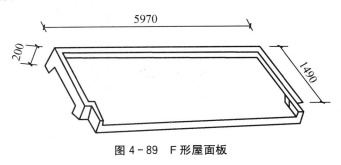

图4－89　F形屋面板

本 章 小 结

房屋一般由基础、墙、柱、楼地面、楼梯、门窗、和屋顶六大部分组成。本章主要介绍了房屋的细部构造，地基与基础概述；了解墙体的类型和设计要求、砌体墙的构造、隔墙与隔断的构造；了解楼板层的基本构成与分类、钢筋混凝土楼板、楼地面的防潮、防水和隔声构造；了解楼梯的类型和设计要求、楼梯的组成与尺度、钢筋混凝土楼梯构造、楼梯的细部构造；了解门与窗的分类与构造；了解屋顶的类型和坡度、平屋顶的构造、坡屋顶的构造；了解伸缩缝、沉降缝、防震缝的构造；了解单层工业厂房基础和基础梁、柱的一般知识。

技 能 考 核

（1）楼地层包括楼板层和_____，楼板层主要由_____、_____、_____和_____等部分组成。

（2）钢筋混凝土楼板按其施工方法的不同分为_____、_____、_____三种。

（3）雨篷按支撑方式的不同有_____和_____两种。

（4）阳台的平面位置有_____和转角阳台两种。

（5）地坪层由_____、_____和_____组成。

（6）楼梯由_____、_____、_____三部分组成。

（7）栏杆分为_____、_____、_____三种形式。

（8）高层建筑的垂直交通以_____为主。

（9）踏步面层要求_____、_____、_____和_____。

（10）屋顶从外部形式看，可分为_____、_____和_____。

（11）屋顶的排水方式可分为_____和_____两大类。

（12）屋顶的坡度大小主要受到_____、_____、_____等的影响。

（13）屋顶坡度的形成方式有_____、_____。

（14）平屋顶泛水构造中，泛水高度应不小于_____。

（15）天沟的排水坡度不小于_____。

（16）平屋顶坡度小于 3％时，卷材宜_____屋脊方向铺设。

（17）防水卷材上下边的搭接长度不小于_____ mm，左右边的搭接长度不不于_____ mm。

（18）门按开启方式分为_____、_____、_____、_____、_____等。

（19）窗按开启方式分为_____、_____、_____、_____、_____等。

（20）门一般由_____、_____、_____、_____等组成。

（21）门的高度一般不小于_____ mm，窗的高度尺寸应以_____作为模数。

（22）钢筋混凝土排架结构主要由_____和_____两部分组成。承重结构主要由_____、基础梁、_____、起重机梁、_____、圈梁、_____和屋架、_____等构件组成。围护结构包括_____、屋面、_____、_____、_____等。

知 识 延 伸

常用建筑名词和术语。

（1）地坪：多指室外自然地面。

（2）建筑物：范围广泛，一般多指房屋。

（3）构筑物：一般指附属的建筑设施，如烟囱、水塔、筒仓等。

（4）开间：一间房屋的面宽，即两条横向轴线间的距离。

（5）进深：一间房屋的深度，即两条纵向轴线间的距离。

（6）埋置深度：指室外设计地面到基础底面的距离。

第5章

建筑施工图识读任务训练

❀ 本章教学目标

通过学习本章内容，使学生了解建筑施工图的组成和用途。掌握建筑平面图、立面图、剖面图、详图的图示内容及识读建筑施工图的方法和技巧，掌握利用工程语言进行交流的基本原则。

❀ 本章教学要求

知识要点	能力要求	权重
首页图、总平面图的内容、识图基本知识与技巧	了解首页图的组成、总平面图的用途，掌握首页图、总平面的内容和识图技巧	10%
平面图的内容、识图基本知识与技巧	了解建筑平面图的用途、形成和内容，掌握识图基本知识与技巧	30%
立面图的内容、识图基本知识与技巧	了解立面图的用途、形成和内容，掌握识图基本知识与技巧	20%
剖面图的内容、识图基本知识与技巧	了解建筑剖面图的用途、形成和内容，掌握识图基本知识与技巧	20%
详图的内容、识图基本知识与技巧	了解建筑详图的用途、形成和内容，掌握识图基本知识与技巧	20%

5.1　首页图识读

施工图首页图主要包括图纸目录、设计总说明、构造做法表、门窗表等。

5.1.1　识读建筑首页图指导书

1. 识读实训目的与要求

（1）培养学生识读建筑首页图的能力。
（2）培养学生自觉学习的能力。
（3）团结协作的精神。
（4）掌握首页图读图的要点。

2. 识读实训内容

（1）了解首页图的组成。
（2）了解具体工程图纸的目录。
（3）熟悉设计总说明内容。
（4）了解具体的构造做法及门窗情况。

3. 识读实训的步骤

（1）看图纸的目录。图纸目录放在一套图纸的最前面，说明本工程项目由哪几类专业图纸组成，各专业图纸的名称、张数和图纸顺序，可以使人们快速地找到所需的图纸。

（2）看建筑设计说明。建筑设计说明主要用于说明工程的概况和总的要求，内容包括工程设计依据、项目概况、设计标准、建筑规模、构造做法及材料要求。

（3）看室内装修表。室内装修表的内容一般包括工程的部位、名称、做法及备注说明等。

（4）看门窗表。门窗表是对建筑物上所有不同类型门窗的统计表格。它主要反映门窗的类型、大小、所选用的标准图集及其类型编号等。

4. 进度安排

本实训任务课内共 4 学时（理论 2＋实践 2），具体安排见表 5-1。

表 5-1　进度安排

序号	实训内容	理论学时	实践学时	要求
1	图纸目录识读	0.5	0.5	了解专业图纸的名称、张数和图纸顺序
2	建筑设计说明识读	0.5	0.5	了解工程设计依据、项目概况、设计标准、建筑规模、构造做法及材料要求
3	室内装修表识读	0.5	0.5	了解工程的部位、名称、做法及备注说明
4	门窗表识读	0.5	0.5	了解门窗的类型、大小、所选用的标准图集及其类型编号等

5. 考核方案设计

"首页图识读"任务训练考核方案，见表5-2。

表5-2　任务训练考核表

序号	学生姓名	考核方式	平时成绩(40%)		训练完成质量(50%)		权重	评分	答辩记录(10%)	成绩
			考勤	(10%)	学生的知识点掌握程度	(10%)				
			课堂讨论	(20%)	学生识读训练熟练程度	(30%)				
			沟通能力	(10%)	识读能力	(10%)				
	×××	学生自评					30%			
		学生互评					30%			
		教师评定					40%			

5.1.2　识读建筑首页图、门窗统计表

某小区的建筑设计总说明、门窗做法、门窗统计表，具体识图解读见本书附图2、附图10。

技能考核 5-1

1. 填空题

（1）一套完整的建筑工程图应按 _____、_____、_____、_____、_____的顺序编排。

（2）建筑施工图主要包括 _____、_____、_____、_____、_____、_____和_____。

（3）结构施工图包括_____、_____、_____等。

（4）工程做法表用来详细说明_____，是_____、_____、_____的重要技术文件。

（5）首页图是建筑施工图的第一页，内容一般包括 _____、_____、_____等。

（6）供家庭居住使用的建筑（含与其他功能空间处于同一建筑中的住宅部分），简称_____。

（7）满足规定的日照要求、适合于安排游憩活动设施的、供居民共享的集中绿地，称为_____。

（8）居住用地内各类绿地面积的总和与用地面积的比率(%)，称为_____。

2. 依据本书附图2、附图10的内容，完成问题训练：

（1）本建筑施工图设计说明主要介绍_____、_____、_____、_____等。

（2）本工程项目的概况中包括_____、_____、_____、_____、_____等。

（3）本工程建筑面积_____。

（4）本工程使用年限为_____年，耐久年限为_____类。

（5）本工程建筑室内装修表中说明了_____、_____、_____、_____。

知识延伸 5－1

（1）设计标高的确定是否与城市已确定的控制标高一致。要特别注意±0.000相对应的绝对标高是否已标注清楚、正确。

（2）建筑墙体和室内外装修用材料，不得使用住房和城乡建设部及本地省建设厅公布的淘汰产品。采用的新技术、新材料须经主管部门鉴定认证，有准用证书。

（3）门窗框料材质、玻璃品种及规格要求须明确，整窗传热系数、气密性等级应符合相关规定。

5.2 建筑总平面图识读

总平面图是将拟建工程附近一定范围内的建筑物、构筑物及其自然状况，用水平投影方法和相应的图例画出的图样。它主要表示新建房屋的位置、标高、朝向、与原有建筑物的关系、周边道路布置、绿化布置及地形地貌等内容，是新建房屋施工定位、土方施工、设备专业管线以及施工现场(现场的材料和构件、配件堆放场地，构件预制的场地以及运输道路)总平面布置的依据，要注意其与相邻建筑物、用地红线、道路红线及高压线等的间距是否符合要求。

5.2.1 识读建筑总平面图指导书

1. 识读实训目的与要求

（1）培养学生识读建筑总平面图的能力。

（2）培养学生对建筑房屋构造的认知能力。

（3）培养学生自主学习、精益求精的态度。

（4）培养学生团结协作的精神。

（5）培养学生独立完成建筑总平面图的识读。

2. 识读实训内容

（1）熟悉图例、比例和有关的文字说明。

（2）了解新建建筑物首层地坪、室外设计地坪的标高和周围地形、等高线等。

（3）了解新建建筑物的位置、层数、朝向，以及当地常年主导风向和风速等。

（4）了解原有建筑物、构筑物和计划扩建的项目，如道路、绿化等。

3. 识读实训的步骤

（1）熟悉图例、比例和有关的文字说明。

（2）看新建建筑物首层地坪、室外设计地坪的标高和周围地形、等高线等。

（3）看新建建筑物的位置、层数、朝向，以及当地常年主导风向和风速等。

（4）看原有建筑物、构筑物和计划扩建的项目，如道路、绿化等。

（5）熟悉道路与绿化。从道路可了解建成后的人流方向和交通情况，从绿化可以看出建成后的环境绿化情况。

4. 进度安排

本实训任务课内共 6 学时（理论 3＋实践 3），具体安排见表 5-3。

表 5-3　进度安排

序号	实训内容	理论学时	实践学时	要求
1	房屋构造的认知	2	2	了解《民用建筑设计通则》（GB 50352—2005）相关内容
2	总平面图识读	1	1	了解《总图制图标准》（GB/T 50103—2010）相关内容

5. 考核方案设计

"建筑总平面图识读"任务训练考核方案，见表 5-4。

表 5-4　任务训练考核表

序号	学生姓名	考核方式	平时成绩(40%)		训练完成质量(50%)		权重	评分	答辩记录(10%)	成绩
			考勤	(10%)	学生的知识点掌握程度	(10%)				
			课堂讨论	(20%)	学生识读训练熟练程度	(30%)				
			沟通能力	(10%)	识读能力	(10%)				
	×××	学生自评					30%			
		学生互评					30%			
		教师评定					40%			

5.2.2　识读建筑总平面图基本知识

1. 总平面图的用途

（1）反映新建、拟建工程的总体布局以及原有建筑物和构筑物的情况，如新建、拟建房屋的具体位置、标高、道路系统、构筑物及附属建筑的位置、管线、电缆走向，以及绿化、原始地形、地貌等情况。

（2）根据总平面图可以进行房屋定位、施工放线、填挖土方、进行施工。

2. 总平面图的内容和规定

（1）表明红线范围，新建的各种建筑物及构筑物的具体位置、标高、道路及各种管线布置系统等的总体布局。

（2）表明原有房屋道路位置，作为新建工程的定位依据，如利用道路的转折点或是原有房屋的某个拐角点作为定位依据。

（3）表明标高，如建筑物的首层地面标高。室外场地地坪标高，道路中心线的标高。通常把总平面图上的标高，全部推算成以海平面为零点的绝对标高（我国是以青岛的黄海平均海水面为水准原点起算点）。根据标高可以看出地势坡向、水流方向，并可计算出施工中土方填挖数量。

（4）表示总平面范围内整体朝向，通常用风向频率玫瑰图。它既能表示朝向，又能显示出该地区的常年风和季候风的大小。

3. 总平面图的读图注意事项

（1）总平面图中的内容，多数是用符号表示的，看图之前要先熟悉图例符号的意义。

（2）总平面图表现的工程性质，不但要看图，还要看文字说明。

（3）查看总平面图的比例，以了解工程规模。一般常用比例是 1 ∶ 500，1 ∶ 1000，1 ∶ 2000。

（4）看清用地范围内新建、原有、拟建、拆除建筑物或构筑物的位置。新、旧道路布局，周围环境和建设地段内的地形、地貌情况。

（5）查看新建建筑物的室内、外地面高差和道路标高，地面坡度及排水走向。

（6）根据风向频率玫瑰图看清楚朝向。

（7）查看图中尺寸的表现形式（坐标网或一般表现形式），以便查看清楚建筑物或构筑物自身占地尺寸及相对距离。

（8）总平面图中的各种管线要细致阅读，管线上的窨井、检查井要看清编号和数目，要看清管径、中心距离、坡度、从何处引进到建筑物或构筑物，要看准具体位置。

（9）绿化布置要看清楚哪是草坪、树丛、乔木、灌木、松墙等，是何树种，花坛、小品、桌、凳、长椅、矮墙、栏杆等各种物体的具体尺寸、做法及建造要求和选材说明。

5.2.3　识读建筑总平面图

某小区的总平面图、具体识图解读见本书附图1。

技能考核 5 - 2

1. 填空题

（1）建筑物的朝向，要综合考虑建筑日照、_____、_____和_____及周围环境等因素。

（2）对于住宅、宿舍等成排布置的建筑，_____通常是确定房屋间距的主要因素。

（3）一般情况下，当基地坡度较小时，建筑可以采取_____等高线布置的方法。当基地坡度较大，建筑物采用上述方法对朝向布置不利时，往往可采取_____等高线布置的方式，这样比较容易解决通风、排水等问题。

（4）总平面图是_____的施工定位，是布置施工总平面图的依据，也是绘制

_____平面布置图的依据。

（5）总平面图中的尺寸标注以_____为单位。

（6）供人们生活起居的建筑物，包括住宅、公寓、宿舍等，称为_____。

（7）供人们进行社会活动的建筑物，包括办公、商业、医疗等建筑，称为_____。

（8）我国高层民用建筑的耐火等级分_____级，多层建筑的耐火等级分_____级。

（9）标高尺寸标注以_____为单位，注写到小数点_____。

（10）建筑总平面图是_____及_____的水平投影图，常用的比例有_____。

2. 依据本书附图 1 的内容，完成问题训练

（1）该图图名为_____。

（2）新建科研中心为_____层，方位_____。

（3）新建综合楼为_____层，长_____，方位_____。距建筑控制线_____ m。

（4）该总平面图中表示需要拆除的建筑物有_____。

（5）在图中找到建筑控制线，用地红线的位置_____。

（6）根据图中所示，原有建筑物为_____。

知识延伸 5-2

（1）建筑基地：根据用地性质和使用权属确定的建筑工程项目的使用场地，如图 5-1 所示。

（2）道路红线：规划的城市道路（含居住区级道路）用地的边界线，如图 5-1 所示。

（3）用地红线：各类建筑工程项目用地的使用权属范围和边界线，如图 5-1 所示。

（4）建筑控制线：有关法规或详细规划确定的建筑物、构筑物的基底位置不得超出的界限，如图 5-1 所示。

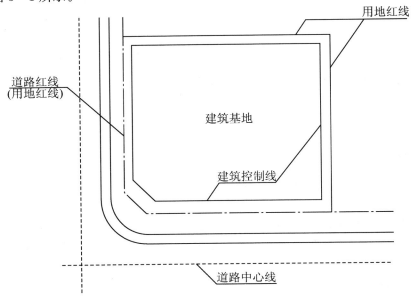

图 5-1 建筑基地、道路红线、用地红线、建筑控制线图示

(5) 配套公共服务设施(配套公建)应包括教育、医疗卫生、文化、体育、商业服务、金融邮电、社区服务、市政公用和行政管理等 9 类设施。

(6)《民用建筑设计通则》(GB 50352—2005)对建筑日照标准有如下明确规定。

① 每套住宅至少应有一个居住空间获得日照,该日照标准应符合现行国家标准《城市居住区规划设计规范(2002 年版)》(GB 50180—1993)有关规定。

② 宿舍半数以上的居室,应能获得同住宅居住空间相等的日照标准。

③ 托儿所、幼儿园的主要生活用房,应能获得冬至日不小于 3h 的日照标准。

④ 老年人住宅、残疾人住宅的卧室、起居室,医院、疗养院半数以上的病房和疗养室,中小学半数以上的教室应能获得冬至日不小于 2h 的日照标准。

(7) 住宅至道路边缘最小距离应符合《住宅建筑规范》(GB 50368—2005)第 4.1.2 条规定,见表 5-5。

表 5-5　住宅至道路边缘最小距离　　　　　　　　单位:m

路面宽度 与住宅距离			<6	6~9	>9
住宅面向道路	无出入口	高层	2	3	5
		多层	2	3	3
	有出入口		2.5	5	—
住宅山墙面向道路	高层		1.5	2	4
	多层		1.5	2	2

注:1. 当道路设有人行便道时,其道路边缘指便道边线。

2. 表中"—"表示住宅不应向路面宽度大于 9m 的道路开设出入口。

(8) 总图中的坐标、标高、距离以米为单位。坐标以小数点标注三位,不足以"0"补齐;标高、距离以小数点后两位数标注,不足以"0"补齐。详图可以毫米为单位。

(9) 建筑物、构筑物、铁路、道路方位角(或方向角)和铁路、道路转向角的度数,宜注写到"秒",特殊情况应另加说明。

(10) 总图应按上北下南方向绘制。根据场地形状或布局,可向左或向右偏转,但不宜超过 45°。总图中应绘制指北针或风玫瑰图。坐标网格应以细实线表示,测量坐标网应画成交叉十字线,坐标代号宜用"X、Y"表示;建筑坐标网应画成网格通线,自设坐标代号宜用"A、B"表示,坐标值为负数时,应注"—"号,为正数时,"+"号可以省略,如图 5-2 所示。

(11) 建筑物及附属设施不得突出道路红线和用地红线建造,不得突出的建筑突出物如下。

① 地下建筑物及附属设施,包括结构挡土桩、挡土墙、地下室、地下室底板及其基础、化粪池等。

② 地上建筑物及附属设施,包括门廊、连廊、阳台、室外楼梯、台阶、坡道、花池、围墙、平台、散水明沟、地下室进排风口、地下室出入口、集水井、采光井等。

③ 除基地内连接城市的管线、隧道、天桥等市政公共设施外的其他设施。

(12) 基地应与道路红线相邻接,否则应设基地道路与道路红线所划定的城市道路相

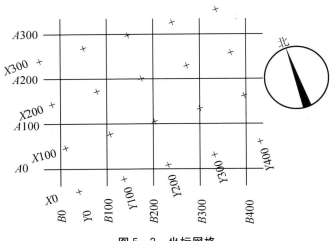

图 5-2　坐标网格

连接。基地内建筑面积小于或等于 3000m² 时，基地道路的宽度应不小于 4m，基地内建筑面积大于 3000m² 且只有一条基地道路与城市道路相连接时，基地道路的宽度应不小于 7m，若有两条以上基地道路与城市道路相连接时，基地道路的宽度应不小于 4m，如图 5-3 所示。

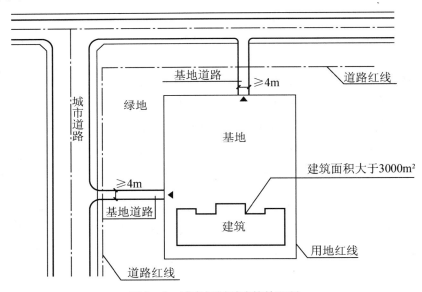

图 5-3　城市规划对建筑的限制

5.3　建筑平面图识读

5.3.1　识读建筑平面图指导书

1. 识读实训目的与要求

(1) 使学生了解平面图形成、熟悉平面图提供的信息、掌握平面图的基本内容和看图的要点。

（2）培养学生识读建筑平面图的能力。

（3）培养学生刻苦专研、创新开拓精神。

（4）培养学生团结协作的精神。

（5）培养学生独立完成建筑平面图的识读。

2．识读实训内容

（1）了解建筑平面图的形成。

（2）了解建筑平面图的作用、名称。

（3）了解建筑平面图的图示内容和图示方法。

（4）了解建筑平面图的文字说明。

3．识读实训的步骤

（1）看图名、比例及文字说明。

（2）看平面图的总长、总宽的尺寸，以及内部房间的功能关系、布置方式等。

（3）看纵横定位轴线及其编号；主要房间的开间、进深尺寸；墙（或柱）的平面布置。

（4）看平面各部分的尺寸。

（5）看门窗的布置、数量及型号。

（6）看房屋室内设备配备等情况。

（7）看房屋外部的设施，如散水、雨水管、台阶等的位置及尺寸。

（8）看房屋的朝向及剖面图的剖切位置、索引符号等。

（9）看屋顶平面图，表示建筑物屋面的布置情况与排水方式。

4．进度安排

本实训任务课内共4学时（理论2＋实践2），具体安排见表5－6。

表5－6　进度安排

序号	实训内容	理论学时	实践学时	要求
1	底层平面图识读	0.5	0.5	了解房屋建筑底层的布置情况
2	标准层平面图识读	0.5	0.5	了解房屋内部平面布置的差异；熟悉窗的位置、编号及数量
3	顶层平面图识读	0.5	0.5	了解顶层平面图的布置情况
4	屋顶平面图识读	0.5	0.5	了解屋顶所选用的标准图集

5．考核方案设计

"建筑平面图识读"任务训练考核方案，见表5－7。

表 5-7　任务训练考核表

序号	学生姓名	考核方式	平时成绩(40%)		训练完成质量(50%)		权重	评分	答辩记录(10%)	成绩
			考勤	(10%)	学生的知识点掌握程度	(10%)				
			课堂讨论	(20%)	学生识读训练熟练程度	(30%)				
			沟通能力	(10%)	识读能力	(10%)				
	×××	学生自评					30%			
		学生互评					30%			
		教师评定					40%			

5.3.2　识读建筑平面图基本知识

1. 建筑平面图的作用

建筑平面图主要用来表示房屋的平面布置,在施工过程中,它是放线、砌墙、安装门窗和编制预算的重要依据。

2. 建筑平面图的形成

建筑平面图的形成是用一个假想平面在窗台略高一点位置作水平剖切,将上面部分拿走,作剩留部分的全部正投影而形成的,如首层平面要表示的内容有:墙厚、门的开启方向、窗的具体位置、室内外台阶、花池、散水及落水管位置等。阳台、雨篷等则应表示在二层及以上的平面图上。

3. 建筑平面图的内容和规定

(1) 表明建筑物的平面形状,内部各房间组合排列情况及建筑物朝向。平面图内应注明房间名称和房间净面积,朝向只在首层平面图旁边适当位置画有指北针即可。

(2) 表明外形和内部平面主要尺寸。平面图中的轴线是长宽方向的定位依据,它可确定平面图中所有各个部位的长宽尺寸;图形外面标注有建筑物的总长度和总宽度,称为外包尺寸,中间是轴线尺寸,表示开间和进深,轴线中间的称为细部尺寸,表示门、窗洞口、墙的面宽及墙垛等细部尺寸。以上是主要的 3 道尺寸标注。

(3) 表明室内设施(如卫生器具、水池等)的形状、位置。

(4) 表明楼梯的位置及楼梯上下行方向及级数、楼梯平台标高。

(5) 底层平面图应注明剖面图的剖切位置和投影方向及编号,确定建筑朝向的指北针,以及散水、入口台阶、花坛等。

(6) 表明主要楼、地面及其他主要台面的标高。

(7) 屋顶平面图则主要表明屋面形状、屋面坡度、排水方式、雨水口位置、挑檐、女儿墙、烟囱、上人孔及电梯间等构造和设施。

(8) 标注图名和绘图比例,以及详图索引符号、必要的文字说明。

5.3.3　识读建筑平面图

（1）某小区的一层平面图，具体识图解读见本书附图3。

（2）某小区的二至六层平面图，具体识图解读见本书附图4。

（3）某小区的七层平面图，具体识图解读见本书附图5。

（4）某小区的顶层平面图，具体识图解读见本书附图6。

技能考核 5 - 3

1. 填空题

（1）建筑平面图可作为 _____、_____、_____、_____、_____ 的依据。

（2）建筑平面图的尺寸标注有 _____ 和 _____ 两种。

（3）建筑平面设计包括单个房间的平面设计、_____ 和 _____。

（4）民用建筑的平面组成，从使用性质分可归纳为使用部分和 _____，使用部分又可分为 _____ 和 _____ 两部分。

（5）房间中的门的宽度取决于 _____、_____ 和 _____ 等因素，住宅中卧室门的宽度常取 _____ mm。

（6）一般公共建筑的楼梯数量不少于 _____ 部。

（7）建筑平面设计的组合方式一般有 _____、_____ 和 _____ 等多种形式。

（8）住宅建筑按层数分类：1～3 层为 _____ 住宅，4～6 层为 _____ 住宅，7～9层为 _____ 住宅，10 层及 10 层以上为 _____ 住宅。

（9）建筑高度大于 _____ 的民用建筑为超高层建筑。

（10）民用建筑按使用功能可分为 _____ 和 _____ 两大类。

2. 依据平面图内容，完成问题训练

（1）由本书附图3可知，该平面图为某住宅楼的底层平面图，比例为 _____。左下角绘有 _____，可知房屋坐北朝南。

（2）了解定位轴线及编号，内外墙的位置和平面布置。

该平面图中，横向定位轴线编号为 _____。纵向定位轴线编号为 _____。

（3）了解该房屋的平面尺寸和各地面的标高。

① 外部尺寸。最外一道是外包尺寸，表示房屋外轮廓的总尺寸，即从一端的外墙边到另一端的外墙边总长和总宽的尺寸，它们分别为 _____ 和 _____；中间一道是轴线间的尺寸，表示各房间的开间和进深的大小，如 _____，_____，_____，_____ 和 _____ 等；最里面的一道是细部尺寸，它表示门窗洞的大小及它们到定位轴线的距离。

② 内部尺寸。主要标注了室内门洞的大小和定位。

③ 建筑平面图中的标高。除特殊说明外，通常都采用相对标高，并将底层室内房间地面定为 _____。

（4）了解剖面图的剖切位置、投影方向等。

在底层平面图中，还应画上剖面图的剖切位置（其他平面图上省略不画），以便与剖面图对照查阅。该底层平面图上标有_____剖面图的剖切符号。图中1—1剖切符号表示投射方向为_____。

3．标准层平面图识读

（1）了解图名、比例。由本书附图4可知，该平面图为某住宅小区的标准层平面图，比例为1∶100。

（2）了解定位轴线，内外墙的位置和平面布置。

该平面图中，横向定位轴线有_____。纵向定位轴线有_____。

该楼为民用住宅，均为一梯_____户，北面中间入口为楼梯间，每户有_____室_____厅_____厨_____厕，在住户1中，客厅开间为_____；进深为_____。在住户2卧室开间为_____；进深为_____，厨房开间为_____；进深为_____。楼梯两侧墙厚为_____，其余内墙厚度均为为_____，外墙厚度为_____。

（3）与底层平面图相比，其他层平面图要简单一些。已在底层平面图中表示清楚的构配件，就不在其他图中重复绘制。

4．屋顶排水平面图识读

由本书附图6可知，该平面图为某住宅楼的屋顶排水平面图，比例为_____。在屋顶排水平面图中，应了解屋顶的_____，屋面处的_____、_____、_____和_____、_____、檐沟、泛水、雨水下水口等位置、尺寸及构造情况。

知识延伸 5－3

（1）建筑设计。建筑设计是指在总体规划的前提下，根据建筑任务书要求和工程技术条件进行房屋的空间组合设计和构造设计，并以建筑设计图的形式表示出来。建筑设计是整个设计工作的先行，常处于主导地位。

（2）民用建筑的设计使用年限应符合表5-8的规定。

表5-8　设计使用年限分类

类别	设计使用年限/年	示例
1	5	临时性建筑
2	25	易于替换结构构件的建筑
3	50	普通建筑和构筑物
4	100	纪念性建筑和特别重要的建筑

（3）屋面排水坡度应根据屋顶结构形式、屋面基层类别、防水构造形式、材料性能及当地气候等条件确定，并应符合表5-9的规定。

表5-9　屋面的排水坡度

屋面类别	屋面排水坡度(%)
卷材防水、刚性防水的平屋面	2～5
平瓦	20～50
波形瓦	10～50
油毡瓦	≥20
网架、悬索结构金属板	≥4
压型钢板	5～35
种植土屋面	1～3

注：1. 平屋面采用结构找坡应不小于3%，采用材料找坡宜为2%。

2. 卷材屋面的坡度不宜大于25%，当坡度大于25%时应采取固定和防止滑落的措施。

3. 卷材防水屋面天沟、檐沟纵向坡度不应小于1%，沟底水落差不得超过200mm。天沟、檐沟排水不得流经变形缝和防火墙。

4. 平瓦必须铺置牢固，地震设防地区或坡度大于50%的屋面，应采取固定加强措施。

5. 架空隔热屋面坡度不宜大于5%，种植屋面坡度不宜大于3%。

5.4　建筑立面图识读

5.4.1　识读建筑立面图指导书

1. 识读实训目的与要求

(1) 使学生了解立面图形成的原理、掌握立面图的基本内容和看图的要点。

(2) 培养学生识读建筑立面图的能力。

(3) 培养学生收集资料、举一反三的学习能力。

(4) 培养学生团结协作的精神。

(5) 培养学生独立完成建筑立面图的识读。

2. 识读实训内容

(1) 了解建筑立面图的形成、建筑立面图的作用、建筑立面图的名称。

(2) 了解建筑立面图的图示内容与图示方法。

(3) 了解建筑立面图的线型。

(4) 了解建筑立面图的轴线及其编号。

(5) 熟悉建筑立面图的尺寸标注。

3. 识读实训的步骤

(1) 看建筑立面图的图名、比例。

建筑工程识图实训教程

（2）看房屋的体型和外貌特征。

（3）看门窗的形式、位置及数量。

（4）看房屋各部分的高度尺寸及标高。

（5）看房屋外墙面的装饰等。

4. 进度安排

本实训任务课内共 4 学时（理论 2＋实践 2），具体安排见表 5－10。

表 5－10 进度安排

序号	实训内容	理论学时	实践学时	要求
1	建筑立面图识读 1	1	1	了解房屋建筑立面情况
2	建筑立面图识读 2	1	1	了解立面所选用的标准图集

5. 考核方案设计

"建筑立面图识读"任务训练考核方案，见表 5－11。

表 5－11 任务训练考核表

序号	学生姓名	考核方式	平时成绩(40%)		训练完成质量(50%)		权重	评分	答辩记录(10%)	成绩
			考勤	（10%）	学生的知识点掌握程度	（10%）				
			课堂讨论	（20%）	学生识读训练熟练程度	（30%）				
			沟通能力	（10%）	识读能力	（10%）				
	×××	学生自评					30%			
		学生互评					30%			
		教师评定					40%			

5.4.2 识读建筑立面图基本知识

1. 建筑立面图的作用

立面图主要反映房屋的长度、高度、层数等外貌和外墙装修构造，门窗的位置和形式、大小，以及窗台、阳台、雨篷、檐口等构造和配件各部位的标高等。在施工过程中，建筑立面图是外墙面装修，阳台、雨篷等做法的重要图样。

2. 建筑立面图的形成

用正投影法，将建筑物的墙面向与该墙面平行的投影面投影所得到的投影图，称为建筑立面图。

3. 建筑立面图的内容和规定

（1）表明建筑物外形上可以看到的全部内容，如散水、台阶、雨水管、遮阳、花池、勒脚、门头、门窗、雨罩、阳台、檐口。屋顶上面可以看到的烟囱、水箱间、通风道，还可以看到外楼梯等可看到的其他内容和位置。

（2）表明外形高度方向的三道尺寸线，即总高度、分层高度、门窗上下皮、勒脚、檐口等具体高度。

（3）立面图重点是反映高度方面的变化，尽管标注了三道尺寸，若想知道某一位置的具体高度还需推算，为简便起见，从室外地坪到屋顶最高部位，都注标高，其单位是米，小数点后面的位数一般取三位。

（4）标明外墙各部位建筑装修材料做法。

5.4.3 识读建筑立面图

某小区的㉑～①轴立面图，具体识图解读见本书附图7。

某小区的F～A轴、A～F轴图，具体识图解读见本书附图8。

技能考核 5－4

1. 填空题

（1）建筑立面图是将建筑物外墙面向与其平行的投影面所做的_____。

（2）建筑立面图的命名有_____、_____、_____三种方式。

（3）建筑立面图常采用_____反映建筑物真实大小。

（4）住宅建筑常利用阳台与凹廊形成_____的变化。

（5）建筑中的_____可作为尺度标准，建筑整体与局部与它相比较，可获得一定的尺度感。

（6）立面处理采用水平线条的建筑物显得_____。

2. 依据本书附图7、附图8的内容，完成问题训练

（1）该图图名为_____，比例_____。图名命名方式采用_____。

（2）该建筑物总高度为_____，层高为_____。

（3）本图中室外地坪线采用_____线型表示，门窗洞口采用_____线型表示。

（4）本图中每层窗台高度为_____，窗洞高度为_____。

（5）该建筑物室内标高为_____，室外标高为_____；室内外高差为_____。

（6）雨篷板底面离室外地坪的高度为_____。

知识延伸 5－4

（1）建筑立面图，是对建筑立面的描述，主要是外观上的效果，提供给结构工程师的信息，主要就是门窗在立面上的标高布置、立面布置、立面装饰材料及凹凸变化。

（2）建筑立面是由许多构部件，如门窗、阳台、墙、柱、雨篷、屋顶、台阶、勒脚、檐口、花饰、外廊等组成。

（3）檐高是指设计室外地坪至檐口的高度。凸出主体建筑屋顶的电梯间、水箱间等不计入檐高之内。

（4）防火挑檐：主要用于上下方均设有门窗洞口地方的竖向防火分隔，以达到阻止火势上窜蔓延的目的。一般采用宽度不小于1m的不燃材料如预制件制作。具体设置应参照国家相关消防设计施工规范进行。

（5）建筑立面图的名称。建筑立面图的数量视房屋各立面的复杂程度而定，一般为四个立面图。立面图的图名，常用以下三种方式命名。

① 用立面图中首尾两端轴线编号来命名，如①～⑮立面图、Ⓐ～Ⓒ立面图等。

② 用房屋的朝向命名，如南立面图、北立面图等。

③ 根据房屋主出入口所在的墙面为正面来命名，如正立面图、背立面图、侧立面图。

三种命名方式各有特点，"国标"规定：有定位轴线的建筑物，宜根据两端轴线号编注立面图的名称，便于阅读图样时与平面图对照了解，如图5-4所示。

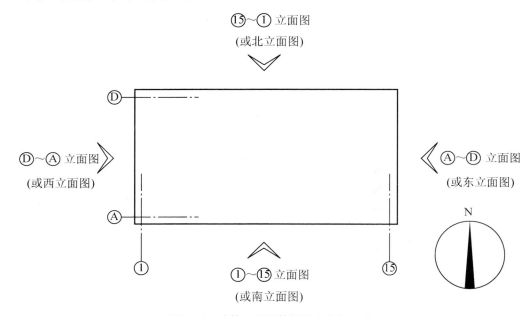

图5-4 建筑立面图的投影方向与名称

5.5 建筑剖面图识读

5.5.1 识读建筑剖面图指导书

1. 识读实训目的与要求

（1）使学生了解剖面图形成的原理、在平面中的剖切位置；掌握剖面图的基本内容和看图的要点。

（2）培养学生识读建筑剖面图的能力。

（3）培养学生自觉学习的能力。

（4）培养学生团结协作的精神。

（5）培养学生独立完成建筑剖面图的识读。

2. 识读实训内容

（1）结合底层平面图阅读，对应剖面图与平面图的相互关系，建立起建筑内部的空间概念。

（2）结合建筑设计说明或材料做法表，查阅地面、墙面、楼面、顶棚等的装修做法。

（3）根据剖面图尺寸及标高，了解建筑层高、总高、层数及房屋室内外地面高差。

（4）了解建筑构配件之间的搭接关系。

（5）了解建筑屋面的构造及屋面坡度的形成。

3. 识读实训的步骤

（1）看图名、比例。

（2）看剖面图位置、投影方向。

（3）看房屋的结构形式。

（4）看其他未剖切到的可见部分。

（5）熟悉地、楼、屋面的构造。

（6）看楼梯的形式和构造。

（7）熟悉各部分尺寸和标高。

4. 进度安排

本实训任务课内共 2 学时（理论 1＋实践 1），具体安排见表 5 - 12。

表 5 - 12　进度安排

序号	实训内容	理论学时	实践学时	要求
	建筑剖面图	1	1	了解立面所选用的标准图集

5. 考核方案设计

"建筑剖面图识读"任务训练考核方案，见表 5 - 13。

表 5 - 13　任务训练考核表

序号	学生姓名	考核方式	平时成绩(40%)		训练完成质量(50%)		权重	评分	答辩记录(10%)	成绩
			考勤	(10%)	学生的知识点掌握程度	(10%)				
			课堂讨论	(20%)	学生识读训练熟练程度	(30%)				
			沟通能力	(10%)	识读能力	(10%)				
	×××	学生自评					30%			
		学生互评					30%			
		教师评定					40%			

5.5.2　识读建筑剖面图基本知识

1. 建筑剖面图的用途

建筑剖面图主要用来表示房屋内部的结构形式、高度尺寸及内部上下分层的情况。

2. 建筑剖面图的形成

建筑剖面图是用一个假想的垂直剖切面(也可能是阶梯形或旋转剖切形式),将房屋剖开得到的剖面形式投影图。

建筑剖面图的剖切位置来源于建筑平面图,一般选在平面或组合中不易表示清楚并较为复杂的部位,画出剖切位置和朝向,并给予名称,然后用一个假想的垂直剖切面,将房屋剖开得到的剖面形式投影图,并显示出被剖切到的部位的结构形式与材料做法。

3. 建筑剖面图的内容和规定

(1) 表明建筑物被剖到部位的高度,如各层梁板的具体位置以及和墙、柱的关系,屋顶结构形式等。

(2) 表明在此剖面内垂直方向室内外各部位构造尺寸,如室内净高、楼层结构、楼面构造及各层厚度尺寸。室外主要标注 3 道垂直方向尺寸,水平方向标注有轴间尺寸。

(3) 屋顶的形式及排水坡度。

(4) 详图索引符号,标高及必须标注的局部尺寸。

(5) 必要的文字说明。

5.5.3　识读建筑剖面图

某小区的 1—1 剖面图、2—2 剖面图,具体识图解读见本书附图 9。

技能考核 5-5

1. 填空题

(1) 建筑剖面图主要用来表达建筑内部_____、_____、_____和_____。

(2) 屋顶的作用包括_____和_____。

(3) 屋面坡度小于_____的屋顶称为平屋顶。

(4) 窗台是_____下部设置的防水构造,以_____为界,位于室外一侧的称为_____,位于室内一侧的称为_____。

(5) 地层又称地面,由_____、_____和_____三个基本构造层次组成。

(6) 楼板层是由_____、_____和_____三部分组成。

(7) 楼板层根据承重层使用的材料不同,可分为_____、_____、_____和_____等。

2. 依据本书附图 9 的内容,完成下列问题训练

(1) 该图图名为_____,比例_____。

(2) 该建筑物总高度为_____,屋顶标高为_____,檐口处标高为_____。

(3) 本图中室外地坪线采用_____线型表示,被剖切到的钢筋混凝土构件断面采用

_____表示。

（4）本图中各层层高均为_____。

（5）该建筑物室内标高为_____，室外标高为_____，室内外高差为_____。

（6）该建筑物楼梯上下梯段踏步级数_____（相同、不相同）。

（7）雨篷板顶面离室外地坪的高度为_____。

知识延伸 5-5

（1）建筑剖面设计是建筑设计的重要组成部分。它的主要目的是根据建筑功能要求、规模大小以及环境条件等因素确定建筑各组成部分在垂直方向上的布置。它与立面设计、平面设计有直接的联系，相互制约、相互影响。

（2）建筑剖面设计的内容主要包括建筑物各部分房间的高度、建筑层数、建筑空间的组合和利用、建筑的结构和构造关系等。建筑剖面设计与房屋的使用、造价以及节约用地等均有密切的关系。进行剖面设计时，应联系建筑平面和立面全盘考虑，不断调整、修改，经过反复深入的推敲，使设计更合理。

（3）所谓层高是指两层之间楼地面的垂直距离称为层高。所谓净高是指某层的楼面到该层的顶棚面之间的尺寸称为净高。

5.6 建筑详图识读

墙体剖面构造详图是施工图表达的重要内容之一。通过完成本任务，使学生掌握除基础、屋顶檐口外的墙身剖面构造，掌握墙体中几个重要节点（包括墙脚、窗台、窗过梁、墙与楼地面交接处等）的构造处理及表达方法。如本书附图11、附图12所示。

1．识读实训目的与要求

（1）使学生熟悉建筑详图的作用、表示方法与索引的关系，建筑详图中的成品与半成品的做法，掌握建筑详图的基本内容和看图的要点。

（2）培养学生识读建筑详图的能力。

（3）培养学生自觉学习的能力。

（4）培养学生团结协作的精神。

（5）培养学生独立完成建筑详图的识读。

2．识读实训内容

（1）初步了解墙体、楼地面构造知识。

（2）掌握在建筑剖面上墙体与其他构造组成部分的连接方法和构造要求及常见做法。

（3）掌握如何从建筑施工图的角度表达建筑剖面详图。

（4）了解墙体节能构造的基本知识。

3．识读实训的步骤

（1）看局部构造详图，如楼梯详图、墙身详图、厨房、卫生间等。

（2）看构件详图，如门窗详图、阳台详图等。

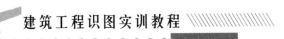

（3）看装饰构造详图，如墙裙构造详图、门窗套装饰构造详图等。

4. 进度安排

本实训任务课内共 2 学时（理论 1＋实践 1），具体安排见表 5-14。

表 5-14 进度安排

序号	实训内容	理论学时	实践学时	要求
	建筑剖面图	1	1	了解墙身作法、各节点所选用的标准图集

5. 考核方案设计

"建筑详图识读"任务训练考核方案，见表 5-15。

表 5-15 任务训练考核表

序号	学生姓名	考核方式	平时成绩(40%)		训练完成质量(50%)		权重	评分	答辩记录(10%)	成绩
			考勤 (10%)	学生的知识点掌握程度 (10%)						
			课堂讨论 (20%)	学生识读训练熟练程度 (30%)						
			沟通能力 (10%)	识读能力 (10%)						
×××		学生自评					30%			
		学生互评					30%			
		教师评定					40%			

5.6.2 识读建筑详图基本知识

1. 外墙详图的作用

外墙详图配合建筑平面图可以为砌墙、室内外装修、立门窗口、放预制构件或配件等提供具体做法，并为编制工程预算和准备材料提供依据。

2. 外墙详图的基本内容

1）详图的比例

详图的比例宜用 1：1、1：2、1：5、1：10、1：20 及 1：50 几种。必要时也可选用 1：3、1：4、1：25、1：30 等。

2）详图符号与详图索引符号

为了便于识读图，常采用详图符号和索引符号。建筑详图必须加注图名（或详图符号），详图符号应与被索引的图样上的索引符号相对应，在详图符号的右下侧注写比例。

5.6.3 识读建筑详图综合训练

某小区的Ⓕ轴墙身大样图和构造节点详图，具体识图解读见本书附图 11、附图 12。

技能考核 5-6

1. 填空题

（1）建筑详图可分为_____和_____两大类。

（2）散水的宽度一般为_____。当屋面为自由落水时，其宽度应比屋檐挑出宽度大_____左右。散水坡度一般在_____左右。外缘高出室外地坪_____为好。

（3）明沟的断面尺寸一般不少于宽_____、深_____，沟底应有不小于_____纵向坡度。

（4）为防止阳台上的雨水等流入室内，阳台地面应较室内地面低_____。

2. 依据本书附图 11 的内容，完成问题训练

（1）该建筑物总高度为_____，屋顶标高为_____。

（2）屋面泛水高度为_____。

（3）本图中一层墙面做法_____。

（4）本图中二层地面建筑标高为_____，结构标高为_____。

（5）混凝土散水宽度为_____，墙身水平防潮层位于室内地面以下_____，工程做法采用_____。

（6）外墙厚度为_____，窗洞口高度_____，室内窗台高度为_____。

知识延伸 5-6

（1）墙身防潮应符合下列要求。

① 砌体墙应在室外地面以上，位于室内地面垫层处设置连续的水平防潮层；室内相邻地面有高差时，应在高差处墙身侧面加设防潮层。

② 湿度大的房间的外墙或内墙内侧应设防潮层。

③ 室内墙面有防水、防潮、防污、防碰等要求时，应按使用要求设置墙裙。

注：地震区防潮层应满足墙体抗震整体连接的要求。

（2）建筑标高与结构标高。

建筑标高是指在建筑施工图中标注的标高，它已将构造的粉饰层的层厚包括在内。结构标高是指在结构施工图中的标高，它标注结构构件未装修前的上表面或下表面的高度，如图 5-5 所示，可以看出建筑标高和结构标高的区别。

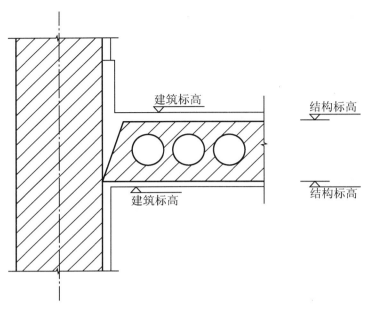

图5-5　建筑标高与结构标高

本章小结

本章讲述了总平面图、建筑平面图、立面图、剖面图及建筑详图的内容及识读图方法。

（1）总平面图主要用来确定新建房屋的位置及朝向，以及新建房屋与原有房屋周围、地物的关系等内容。

（2）建筑平面图、立面图和剖面图，它能表示房屋外部整体形状，内部房间布置，建筑构造及材料和内外装修等内容。

① 从平面图，可看出每一层房屋的平面形状、大小和房间布置、楼梯走廊位置、墙柱的位置、厚度和材料、门窗的类型和位置等情况。

② 从平面图和剖面图，可看出墙厚和使用的材料，可了解各房间的长宽高尺寸及门窗洞口的宽高尺寸。

③ 从立面图和剖面图，可了解房屋立面上建筑装饰的材料和颜色、屋顶的构造形式、房屋的分层及高度、屋檐的形式及室内外地面的高差等。

（3）详图是建筑施工图样的重要组成部分，它可以详细地表示出所画部位的构造形状、大小尺寸、使用材料和施工方法。通常需要画详图表示的部位有墙身、楼梯、门窗、台阶等。

（4）无论在建筑平面图上还是建筑详图上，都会遇到剖切符号、索引符号和详图符号，熟记这些符号的内容对顺利、正确地阅读建筑施工图样是十分重要的。

第6章

结构施工图识读任务训练

⚙ **本章教学目标**

通过本章的学习，掌握结构施工图的作用及图示内容；掌握钢筋混凝土结构的基本知识和钢筋的分类及作用，掌握结构平面图的作用和图示内容；掌握钢筋混凝土构件详图的作用、图示方法、图示内容和读图，掌握钢筋混凝土构件配筋图的图示内容和读图；了解基础图的内容，掌握桩基础图的图示内容和读图方法。

⚙ **本章教学要求**

知识要点	能力要求	权重
结构施工图的作用；结构设计说明、结构平面图、结构详图；常用构件的代号；结构施工图常用比例	了解结构施工图的作用；掌握结构施工图的组成；掌握常用构件的代号	20%
基础施工图的作用；基础平面图的形成；基础施工图的图示方法；基础平面图的尺寸标注；基础详图的形成、图示方法	能够识读基础施工图	30%
楼层结构平面图的形成和作用；楼层结构平面图的图示方法；楼层结构平面图的识读	能够识读楼层结构平面图	30%
楼梯结构平面图、剖面图的形成；楼梯结构平面图、剖面图的图示内容；识读楼梯施工图方法	能够识读楼梯平面图、剖面图	20%

结构施工图主要表示建筑物的承重构件(梁、板、柱、墙体、屋架、支撑、基础等)的布置、形状、尺寸大小、数量、材料、构造及其相互关系。结构施工图是建筑结构施工的主要依据。

结构施工图的组成一般包括结构图样目录、结构设计总说明、基础施工图、结构平面布置图、梁板配筋图和结构详图等。

6.1 结构总设计说明、基础施工图识读

6.1.1 识读结构总设计说明、基础施工图指导书

1. 识读实训目的与要求

(1) 培养学生识读结构总设计说明、基础施工图的能力。

(2) 培养学生自觉学习的能力。

(3) 培养学生团结协作的精神。

(4) 掌握结构总设计说明、基础施工图识读的要点。

2. 识读实训内容

(1) 从结构总设计说明中了解抗震设计与防火要求，地基与基础，地下室，钢筋混凝土各结构构件，砖砌体，后浇带与施工缝等部分选用的材料类型、规格、强度等级，施工注意事项等。

(2) 了解基础平面布置图及工业建筑设备基础布置图。

(3) 熟悉结构设计总说明中其他内容。

3. 识读实训的步骤

(1) 阅读基础施工说明，明确基础的施工要求、用料。

(2) 看图名、比例。校核基础平面图的定位轴线。基础平面图与建筑平面图的定位轴线二者必须一致。

(3) 根据基础的平面布置，明确结构构件的种类、位置、代号。

(4) 看基础墙的厚度、柱的截面尺寸及它们与轴线的位置关系。

(5) 看图名、比例，由于基础的种类往往比较多，读图时，将基础详图的图名与基础平面图的剖切符号、定位轴线对照，了解该基础在建筑中的位置。

(6) 看基础断面图中基础梁或圈梁的尺寸及配筋情况。

(7) 阅读基础各部位的标高，通过室内外地面标高及基础底面标高，可以计算出基础的高度和埋置深度。

4. 进度安排

本实训任务课内共 6 学时(理论 3＋实践 3)，具体安排见表 6-1。

5. 考核方案设计

"结构总设计说明、基础施工图识读"任务训练考核方案，见表 6-2。

表6-1　进度安排

序号	实训内容	理论学时	实践学时	要求
1	结构总设计说明识读	1	1	了解结构设计依据、基础部分设计依据、采用的图集、荷载取值
2	基础平面图识读	1	1	了解桩基础平面布置情况
3	基础详图识读	1	1	了解桩基础连接节点配筋情况、加强带设计情况

表6-2　任务训练考核表

序号	学生姓名	考核方式	平时成绩(40%)		训练完成质量(50%)		权重	评分	答辩记录(10%)	成绩
			考勤	(10%)	学生的知识点掌握程度	(10%)				
			课堂讨论	(20%)	学生识读训练熟练程度	(30%)				
			沟通能力	(10%)	识读能力	(10%)				
×××		学生自评					30%			
		学生互评					30%			
		教师评定					40%			

6.1.2　识读基础施工图

某小区的结构设计总说明、基础设计说明、桩基础及地梁平面布置图，具体识图解读见本书附图13、附图14、附图15。

技能考核 6-1

1. 填空题

(1) 桩基础一般由设置于土中的_____和承接上部结构的_____组成。

(2) 桩基础按施工方法的不同，可分为_____和_____两大类。

(3) 桩按支撑方式的不同，可分为_____和_____两大类。

(4) 承台的最小宽度不应小于_____ mm，承台边缘至桩中心的距离不宜小于桩的直径或边长，边缘挑出部分不应小于_____ mm。

(5) 承台混凝土强度等级不应低于_____。

(6) 承台梁的纵向主筋直径不宜小于_____ mm，架立筋直径不宜小于_____ mm，箍筋直径不宜小于_____ mm。

(7) 柱下独立桩基承台的受力筋应_____。

2. 依据本书附图13、附图14、附图15，完成问题训练

(1) 从结构设计总说明中，可知本工程设计依据为_____、_____、_____、

_____、_____等。

（2）从结构设计_____，可知上部结构柱、梁、墙施工图采用_____法。

（3）从钻孔压浆桩一览表中可知，桩号为 SZK－B，桩型尺寸 H 为_____ mm，d 为_____ mm，纵向钢筋_____；桩顶标高_____。

（4）DL1（3）550×500，表示_____，共_____跨，梁宽_____，梁高_____。

（5）在密孔铁丝网示意图中可知立筋_____。

（6）地梁与桩连接节点详图中可知，钢筋保护层厚度_____。

知识延伸 6 - 1

1. 钢筋

混凝土结构中的钢材按化学成分划分，可分为碳素钢和普通低合金钢两类。按钢筋的加工方法，又可将其分为热轧钢筋、热处理钢筋、冷加工钢筋、冷轧钢筋等。热轧钢筋是由低碳钢、普通低合金钢在高温状况下轧制而成，属于软钢。工程中常用热轧钢筋的种类、代表符号和直径范围，见表 6 - 3。

表 6 - 3　常用热轧钢筋的种类、代表符号和直径范围

强度等级代号	钢　种	符号	d/mm
HPB300	Q235	φ	8 ~20
HRB335	20MnSi	Φ	6 ~50
HRB400	20MnSiV，20MnSiNb，20MnTi	Φ	6 ~50
RRB400	K20MnSi	Φ	8 ~40

2. 钢筋的标注方法

构件中钢筋的标注包括钢筋的编号、数量或间距、级别、直径及所在位置，通常应沿钢筋的长度标注或标注在有关钢筋的引出线上。标注方法有以下两种。

1）标注钢筋的根数和直径

2）标注钢筋的直径和相邻钢筋中心距

6.2 楼层结构平面图识读

6.2.1 识读楼层结构平面图指导书

1. 识读实训目的与要求

(1) 培养学生楼层结构平面图的能力。
(2) 培养学生对楼层结构的认知能力。
(3) 培养学生自觉学习的能力。
(4) 培养学生团结协作的精神。
(5) 培养学生独立完成楼层结构平面图的识读。

2. 识读实训内容

(1) 了解图名与比例。楼层结构平面图与建筑平面图、基础平面图的比例要一致。
(2) 了解结构的类型，了解主要构件的平面位置与标高，并与建筑平面图结合了解各构件的位置和标高的对应情况。
(3) 对应建筑平面图与楼层结构平面图的轴线相对照。

3. 识读实训的步骤

(1) 查看图名、比例。
(2) 校核轴线编号及间距尺寸，与建筑平面图的定位轴线二者必须一致。
(3) 阅读结构设计总说明或有关说明，确定现浇板的混凝土强度等级。
(4) 明确现浇板的厚度和标高。
(5) 明确板的配筋情况，并参阅说明，了解未标注分布筋的情况。

4. 进度安排

本实训任务课内共 4 学时(理论 2＋实践 2)，具体安排见表 6-4。

表 6-4 进度安排

序号	实训内容	理论学时	实践学时	要求
1	一层底板平面布置图识读	1	1	了解《混凝土结构施工图平面整体表示方法制图规则和构造详图(现浇混凝土框架、剪力墙、梁、板)》(11G101-1)相关内容
2	一层顶板平面布置图识读	1	1	了解《混凝土结构设计规范》(GB/T 50010—2010)相关内容

5. 考核方案设计

"楼层结构平面图"任务训练考核方案，见表 6-5。

表6-5 任务训练考核表

序号	学生姓名	考核方式	平时成绩(40%)		训练完成质量(50%)		权重	评分	答辩记录(10%)	成绩
			考勤	(10%)	学生的知识点掌握程度	(10%)				
			课堂讨论	(20%)	学生识读训练熟练程度	(30%)				
			沟通能力	(10%)	识读能力	(10%)				
	×××	学生自评					30%			
		学生互评					30%			
		教师评定					40%			

6.2.2 识读楼层结构平面图基本知识

1. 楼层结构平面图的用途

楼层结构平面布置图是假想用剖切平面沿楼板面水平切开所得的水平剖面图，用直接正投影法绘制。

楼层结构平面布置图表示各楼层结构构件(如梁、板、柱、墙等)的平面布置情况，以及现浇混凝土构件构造尺寸与配筋情况的图纸，是建筑结构施工时构件布置、安装的重要依据。

2. 楼层结构平面图的内容和规定

(1) 图名、比例，一般采用1∶100，也可用1∶200。

(2) 定位轴线及其编号、间距尺寸。

(3) 承重墙和柱子(包括构造柱)。

(4) 现浇板的厚度和标高。

(5) 板的配筋情况。对于现浇板部分，画出板的钢筋详图，表示受力筋的形状和配置情况，并注明其编号、规格、直径、间距或数量等。每种规格的钢筋只画一根，按其立面形状画在钢筋安放的位置上。

(6) 梁的定位、截面尺寸及配筋。

(7) 楼梯洞口。

(8) 圈梁。

(9) 必要的设计详图或有关说明。

6.2.3 识读楼层结构平面图

某小区的一层底板平面布置图、一层顶板平面布置图，具体识图解读见本书附图16、附图17。

技能考核 6-2

1. 填空题

（1）在单向板中，为了承受收缩和温度变形，固定受力钢筋的位置，并使受力钢筋共同工作，在受力钢筋的_____，需要配置_____，其标注方法同板中受力钢筋。

（2）混凝土按其抗压强度的大小分为不同的等级，有_____、_____、_____、_____、_____、_____、_____、_____、_____、_____、_____、_____、_____、_____十四个强度等级。

（3）建筑工程中，钢筋混凝土构件的混凝土强度等级应不低于_____，当采用 HRB335 级钢筋时，混凝土强度等级不宜低于_____；当采用 HRB400 和 RRB400 级钢筋以及承受重复荷载的构件，混凝土强度等级不宜低于_____。

2. 依据本书附图 16、附图 17，完成问题训练

（1）在附图 16 中符号 L2(1) 表示_____。

（2）在附图 16 中 L4(2)250×350 表示_____。

（3）在附图 17 中负筋分布筋为_____。

（4）从图中可知栏板分布筋为_____钢筋。

知识延伸 6-2

（1）混凝土结构环境类别，见表 6-6。

表 6-6　混凝土结构的环境类别

环境类别	条　件
一	室内干燥环境； 无侵蚀性静水浸没环境
二 a	室内潮湿环境； 非严寒和非寒冷地区的露天环境； 非严寒和非寒冷地区与无侵蚀性的水或土壤直接接触的环境； 严寒和寒冷地区的冰冻线以下与无侵蚀性的水或土壤直接接触的环境
二 b	干湿交替环境； 水位频繁变动的环境； 严寒和寒冷地区的露天环境； 严寒和寒冷地区冰冻线以上与无侵蚀性的水或土壤直接接触的环境
三 a	严寒和寒冷地区冬季水位变动区环境； 受除冰盐影响环境； 海风环境

续表

环境类别	条件
三 b	盐渍土环境； 受除冰盐作用环境； 海岸环境

注：1. 室内潮湿环境是指构件表面经常处于结露或潮湿状态的环境。

2. 严寒和寒冷地区的划分应符合国家现行标准《民用建筑热工设计规范》（GB 50176—1993）的有关规定。

3. 海岸环境和海风环境宜根据当地情况，考虑主导风向及结构所处迎风、背风部位等因素的影响，由调查研究和工程经验确定。

4. 受除冰盐影响环境是指受到除冰盐盐雾影响的环境；受除冰盐作用环境是指被除冰盐溶液溅射的环境以及使用除冰盐地区的洗车房、停车楼等建筑。

5. 暴露的环境是指混凝土结构表面所处的环境。

（2）混凝土保护层厚度。混凝土保护层指钢筋外边缘至混凝土表面的距离。混凝土保护层最小厚度见表 6-7。

表 6-7　混凝土保护层的最小厚度 c　　　　　　　　单位：mm

环境类别	板、墙		梁、柱		基础梁 （顶面和 侧面）		独立基础、 条形基础、 筏形基础 （顶面和侧面）		备注
	≤C25	≥C30	≤C25	≥C30	≤C25	≥C30	≤C25	≥C30	
一	20	15	25	20	25	20	—	—	1. 设计使用年限为100年的结构：一类环境中，最外层钢筋的保护层厚度不应小于表中数值的1.4倍；二、三类环境中，应采取专门的有效措施 2. 三类环境中的钢筋可采用环氧树脂涂层带肋钢筋 3. 基础底部的钢筋最小保护层厚度为40。当基础未设置垫层时，底部钢筋的最小保护层厚度应不小于70（基础梁除外） 4. 桩基承台及承台梁：当桩直径或桩截面边长＜800时，桩顶嵌入承台50，承台底部受力纵向钢筋最小保护层厚度为50；当桩直径或截面边长≥800时，桩顶嵌入承台100，承台底部受力纵筋最小保护层厚度为100，多桩承台的顶面和侧面与独立基础的顶面和侧面相同，单桩承台、两桩承台及承台梁的顶面和侧面与基础梁的顶面和侧面相同 5. 当基础与土壤接触部分有可靠的防水和防腐处理时，保护层厚度可适当减小
二 a	25	20	30	25	30	25	25	20	
二 b	30	25	40	35	40	35	30	25	
三 a	35	30	45	40	45	40	35	30	
三 b	45	40	55	50	55	50	45	40	

6.3 梁平面布置图识读

6.3.1 识读梁平面布置图指导书

1. 识读实训目的与要求

(1) 使学生了解梁平面布置图提供的信息、掌握梁平面布置图的基本内容和看图的要点。

(2) 培养学生识读梁平面布置图的能力。

(3) 培养学生自觉学习的能力。

(4) 培养学生团结协作的精神。

(5) 培养学生独立完成梁平面布置图的识读。

2. 识读实训内容

(1) 了解梁平面布置图的形成。

(2) 了解梁平面布置图的作用、名称。

(3) 了解梁平面布置图的图示内容和图示方法。

(4) 了解梁平面布置图的文字说明。

3. 识读实训的步骤

(1) 查看图名、比例。

(2) 校核轴线编号及其间距尺寸是否与建筑图、基础平面图、柱平面图相一致。

(3) 与建筑图配合,明确各梁的编号、数量及位置。

(4) 阅读结构设计说明或梁的施工说明,明确梁的材料及等级。

(5) 明确各梁的标高、截面尺寸及配筋情况。

(6) 根据抗震等级、设计要求和标准构造详图(在"平法"标准图集中有),确定纵向钢筋、箍筋和吊筋的构造要求,如纵向钢筋的连接方式、搭接长度、弯折要求、锚固要求,箍筋加密区的范围,附加箍筋和吊筋的构造等。

4. 进度安排

本实训任务课内共 8 学时(理论 4＋实践 4),具体安排见表 6-8。

表 6-8 进度安排

序号	实训内容	理论学时	实践学时	要求
1	一层顶梁平面布置图识读	2	2	了解《多层砖房钢筋混凝土构造柱抗震节点详图》(03G363)
2	二至六层顶梁平面布置图识读	2	2	了解《混凝土结构设计规范》(GB/T 50010—2010)

5. 考核方案设计

"梁平面布置图识读"任务训练考核方案，见表6-9。

表6-9　任务训练考核表

序号	学生姓名	考核方式	平时成绩(40%)		训练完成质量(50%)		权重	评分	答辩记录(10%)	成绩
			考勤	(10%)	学生的知识点掌握程度	(10%)				
			课堂讨论	(20%)	学生识读训练熟练程度	(30%)				
			沟通能力	(10%)	识读能力	(10%)				
×××		学生自评					30%			
		学生互评					30%			
		教师评定					40%			

6.3.2　识读梁平面布置图基本知识

1. 梁平面整体配筋图的表示方法

梁平法施工图是在梁平面布置图上，采用平面注写方式或截面注写方式，只标注梁的截面尺寸、配筋等具体情况的平面图。它主要表达了梁的代号、平面位置、偏心定位尺寸、截面尺寸、配筋和梁顶面标高高差的具体情况，不再单独绘制梁的剖面图。

1）平面注写方式

平面注写方式是指在梁平面布置图上，分别在不同编号的梁中选择一根梁，在其上注写截面尺寸和配筋具体数值的方式来表达梁平法施工图。梁平面注写方式包括集中标注和原位标注。集中标注表达梁的通用数值，原位标注表达梁的特殊数值。当梁的某部位不适用集中标注中的某项数值时，则在该部位将该项数值原位标注，施工时，原位标注取值优先，如图6-1所示。

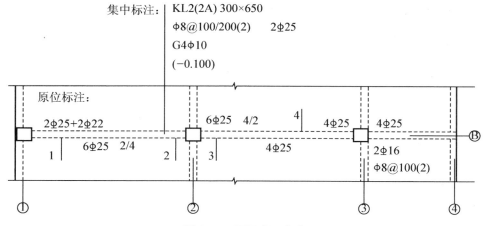

图6-1　平面注写方式

图 6-2 是与梁平法施工图对应的传统表达方法，要在梁上不同的位置剖断并绘制断面图来表达梁的截面尺寸和配筋情况，而采用"平法"就不需要了。

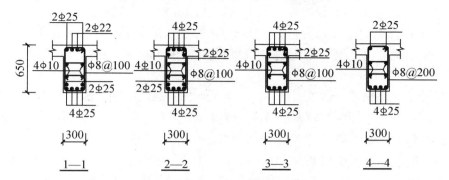

图 6-2　传统的梁筋截面表达方式

在梁的集中标注内容中，有四项必注值和一项选注值。标注时，用索引线将梁的通用数值引出，在跨中集中标注一次，其内容有下列几项，自上而下分行注写。

（1）梁的编号、截面尺寸，该项为必注值。编号由梁的类型代号（表 6-10）、序号、跨数和有无悬挑代号几项组成。悬挑代号由 A 和 B 两种，A 表示一端悬挑，B 表示两端悬挑。截面尺寸注写宽×高，位于编号的后面。例如 KL7(5A)300×650 表示第 7 号框架梁，5 跨，一端有悬挑，截面宽 300mm，高 650mm。

表 6-10　梁编号

梁 类 型	代 号	序 号	跨数及是否带有悬挑	备 注
楼层框架梁	KL	××	(××)、(××A)或(××B)	(××A)表示一端悬挑；(××B)表示两端悬挑；悬挑梁计跨数
屋面框架梁	WKL	××	(××)、(××A)或(××B)	
框支梁	KZL	××	(××)、(××A)或(××B)	
非框架梁	L	××	(××)、(××A)或(××B)	
悬挑梁	XL	××		
井字梁	JZL	××	(××)、(××A)或(××B)	

（2）梁的箍筋，该项为必注值。注写箍筋的级别、直径、间距及肢数。加密区与非加密区的不同间距和肢数用斜线"/"分隔。例如 $\phi10@100/200(4)$，表示箍筋为 HPB300 级钢筋，直径为 10mm，加密区间距为 100mm，非加密区间距为 200mm，均为四肢箍。例如，$\phi8@100(4)/200(2)$，表示箍筋为 HPB300 级钢筋，直径为 8mm，加密区间距为 100mm，四肢箍；非加密区间距为 200mm，两肢箍。

（3）梁上部通长筋或架立筋配置，该项为必注值。注写梁上部和下部通用纵筋的根数、级别和直径。上部纵筋和下部纵筋两部分中间用分号"；"隔开，前面是上部纵筋，后面是下部纵筋。当一排纵筋的直径不同时，注写时用"+"相联，将角部纵筋写在前面，例如，$2\phi20+1\phi18$ 表示两边为 2 根 ϕ20 的钢筋，中间为 1 根 ϕ18 的钢筋。无论上部还是下部钢筋，当为多排时，用斜线"/"将各排纵筋自上而下分开，例如 $6\phi25\ 4/2$ 表示上一排纵筋为 4 根 ϕ25 的钢筋，下一排纵筋为 2 根 ϕ25 的钢筋。

(4) 梁侧面纵向构造钢筋或受扭钢筋配置，该项为必注值。注写梁中部构造或抗扭纵筋(当梁中有时)的根数、级别和直径。构造钢筋前加符号"G"表示，抗扭钢筋前加符号"N"表示，接续注写设置在梁两个侧面的总配筋值，且对称配置。例如，G4ϕ12表示梁的两个侧面共配置 4 根直径为 12mm 的纵向构造筋，每侧各配置 2ϕ12 钢筋；例如 N2Φ22 表示梁的两个侧面共配置 2 根直径为 22mm 的纵向抗扭筋，每侧各配置 1Φ22 钢筋。

(5) 梁顶面标高高差，该项为选注值。梁顶面标高高差，是指相对于结构层楼面标高的高差值。有高差时，须将其写入括号内，无高差时不注写。当某梁的顶面高于所在结构层的楼面标高时，其标高高差为正值，反之为负值。例如，某结构层的楼面标高为44.950m 和 48.250m，当某梁的梁顶面标高高差注写为(-0.050)时，即表明该梁顶面标高分别相对于 44.950m 和 48.250m 低 0.05m。当在梁上集中标注的内容不适用于某跨或某悬挑部分时，则将不同数值原位标注在该跨或该悬挑部分。

2) 截面注写方式

截面注写方式，是在分标准层绘制的梁平面布置图上，分别在不同编号的梁中各选择一根梁用单边剖切符号引出配筋图，并在其上注写截面尺寸和配筋(上部筋、下部筋、箍筋和侧面构造筋)具体数值的方式来表达梁平法施工图。

截面注写方式可以单独使用，也可与平面注写方式结合使用。

6.3.3　识读梁平面布置图

(1) 某小区的一层顶梁平面布置图，具体识图解读见本书附图 18。

(2) 某小区的二至六层平面图，具体识图解读见本书附图 19。

技能考核 6－3

1. 填空题

(1) 平面标注方式包括_____和_____两部分。集中标注表达梁的_____，原位标注表达梁的_____。当集中标注中的某项数值不适合梁的某部位时，则将该项数值原位标注，施工时，原位标注取值优先。

(2) 梁侧面纵向构造钢筋或受扭钢筋配置，该项为_____。

(3) _____，是在分标准层绘制的梁平面布置图上，分别在不同编号的梁中各选择一根梁用单边剖切符号引出配筋图，并在其上注写_____和_____(上部筋、下部筋、箍筋和侧面构造筋)具体数值的方式来表达梁平法施工图。

2. 依据本书附图 18、附图 19，完成问题训练

(1) 在图中 GL－2 表示_____。

(2) 在图中 GZ1 表示_____。

(3) L1(1)表示_____。

知识延伸 6 - 3

（1）钢筋混凝土构件中钢筋的分类和作用，如图 6 - 3 所示。

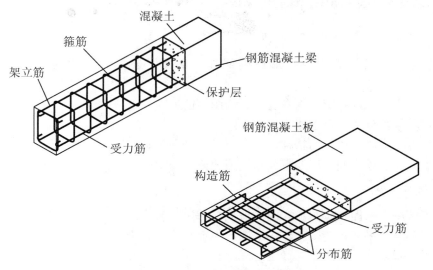

图 6 - 3　钢筋混凝土构件的配筋构造

受力筋：钢筋混凝土构件中承受拉力或压力的钢筋。在梁中于支座附近弯起的受力筋，也称弯起钢筋。

箍筋：一般用于梁和柱内，用以固定受力筋的位置，并承担部分剪力和扭矩。

架立筋：一般在梁中使用，与受力筋、箍筋一起形成钢筋骨架，用以固定钢筋位置。

分布筋：多配置于板内，与板的受力筋垂直分布，用以固定受力筋，并与受力筋一起构成钢筋网，来抵抗各种原因引起的混凝土开裂。

构造筋：因构件在构造上的要求或施工安装需要配置的钢筋，如腰筋、吊环、预埋锚固筋等。

（2）在"平法"中注写柱编号。柱编号由类型代号和序号组成，见表 6 - 11。

表 6 - 11　柱编号

柱 类 型	代 号	序 号
框架柱	KZ	××
框支柱	KZZ	××
芯 柱	XZ	××
梁上柱	LZ	××
剪力墙上柱	QZ	××

6.4 屋架平面布置图、详图识读

6.4.1 识读屋架平面布置图、详图指导书

1. 识读实训目的与要求

（1）使学生了解屋架平面图形成的原理、掌握屋架平面图的基本内容和看图的要点。

（2）培养学生识读屋架平面布置图、详图的能力。

（3）培养学生自觉学习的能力。

（4）培养学生团结协作的精神。

（5）培养学生独立完成屋架平面布置图、详图的识读。

2. 识读实训内容

（1）了解屋架平面布置图、详图的形成、作用、名称。

（2）了解屋架平面布置图、详图的图示内容与图示方法。

（3）了解屋架平面布置图、详图的线型。

（4）了解屋架平面布置图的轴线及其编号。

（5）熟悉建筑木屋架大样图，含设计说明、材料规格及几何尺寸图。

3. 识读实训的步骤

（1）看屋架平面布置图、详图的图名、比例。

（2）看檩条的尺寸和间距。

（3）看支撑的尺寸。

4. 进度安排

本实训任务课内共 4 学时（理论 2＋实践 2），具体安排见表 6－12。

表 6－12　进度安排

序号	实训内容	理论学时	实践学时	要求
1	屋架平面布置图识读	1	1	了解屋架平面布置情况
2	屋架详图识读	1	1	了解屋架详图所选用的标准图集

5. 考核方案设计

"屋架平面布置图"任务训练考核方案，见表 6－13。

表6-13 任务训练考核表

序号	学生姓名	考核方式	平时成绩(40%)		训练完成质量(50%)		权重	评分	答辩记录 (10%)	成绩
			考勤	(10%)	学生的知识点掌握程度	(10%)				
			课堂讨论	(20%)	学生识读训练熟练程度	(30%)				
			沟通能力	(10%)	识读能力	(10%)				
×××		学生自评					30%			
		学生互评					30%			
		教师评定					40%			

6.4.2 识读屋架平面布置图、详图基本知识

1. 屋架平面布置图、详图的作用

由屋面、木屋架及支撑组成的屋盖。在民用及公共建筑中，尚需设置顶棚。屋面是屋盖的围护部分，使其不受自然气象的直接作用。

2. 屋架平面布置图、详图的内容和规定

(1) 木屋架常用的跨度为9~15m，按3m间距布置屋架，节间长度取2~3m。

(2) 为了保证各种屋架的刚度，应根据所用材料、制造条件及连接方式，确定适当的高跨比(h/l)。对于采用半干材手工制作的齿连接原木或方木屋架，三角形屋架的高跨比$h/l \geqslant 1/5$，梯形和多边形屋架的高跨比$h/l \geqslant 1/6$时，可不必验算挠度。

6.4.3 识读屋架平面布置图、详图

某小区的屋架平面布置图，具体识图解读见本书附图20。

某小区的木屋架详图，具体识图解读见本书附图21。

技能考核 6-4

1. 填空题

(1) 屋架是坡屋顶的主要承重结构，它是由_____、_____和_____组合而成的整体。

(2) 檩式坡屋顶的结构支撑方式有_____、_____和_____。

(3) 木屋架常用的跨度为_____m，按_____m间距布置屋架，节间长度取_____m。

(4) 屋面结构平面布置图是主要表示_____的图样，常见屋面结构形式有_____和_____两种，其内容与图示要求与楼层结构平面图基本相同。

2. 依据本书附图 20、附图 21，完成问题训练

(1) 在图中 WJ-1 表示_____。

(2) 该木屋架上弦为_____。

(3) 该木屋架的详图中 2-110×30 表示_____。

(4) 该檩条尺寸为_____，间距为_____。

(5) 在房屋的两端第二开间及每隔 15m 设一道垂直支撑_____。

(6) 山墙上 22.180m 标高处设置_____，其大小和配筋见拉梁详图。

(7) 顶层内纵墙顶增设支撑山墙的踏步式墙垛，并增设构造柱。

知识延伸 6-4

(1) 由木材制成的桁架式屋盖构建，称之为木屋架。常用的木屋架是方木或圆木连接的豪式木屋架，一般分为三角形和梯形两种。

(2) 木屋架的支撑系统分为水平支撑和垂直支撑。水平支撑指下弦与下弦用杆件连在一起，可于一定范围内，在屋架的上弦和下弦、纵向或横向连续布置。垂直支撑指上弦与下弦用杆件连在一起垂直支撑可与屋架中部连续设置，或每隔一个屋架节间设置一道剪刀撑。

(3) 在中国木屋盖常用的防水材料为黏土平瓦或水泥平瓦。冷摊瓦屋面，多用于有顶棚的屋盖。其木骨架由挂瓦条、椽条和檩条组成，挂瓦条为承重构件。檩条宜设置在屋架上弦节点上，使椽条受弯而屋架上弦仅承受轴向压力。

6.5 楼梯施工图识读

6.5.1 识读楼梯施工图指导书

1. 识读实训目的与要求

(1) 使学生了解楼梯施工图形成的原理、掌握楼梯施工图的基本内容和看图的要点。

(2) 培养学生识读楼梯施工图的能力。

(3) 培养学生自觉学习的能力。

(4) 培养学生团结协作的精神。

(5) 培养学生独立完成楼梯施工图的识读。

2. 识读实训内容

(1) 了解楼梯施工图的形成、作用、名称。

(2) 了解楼梯施工图的图示内容与图示方法。

(4) 了解楼梯结构平面图的轴线及其编号。

(5) 熟悉楼梯板的配筋情况。

3. 识读实训的步骤

(1) 看楼梯施工图的图名、比例。

（2）看楼梯结构平面图的轴线及其编号。

（3）看楼梯节点详图。

（4）在楼梯的剖面图中，了解楼梯的进深尺寸及轴线编号。

（5）了解各梯段和栏板的高度尺寸。

（6）了解其他索引符号等。

4. 进度安排

本实训任务课内共 4 学时（理论 2＋实践 2），具体安排见表 6－14。

表 6－14　进度安排

序号	实训内容	理论学时	实践学时	要求
1	楼梯结构平面图识读	1	1	了解《混凝土结构施工图平面整体表示方法制图规则和构造详图（现浇混凝土框架、剪力墙、梁、板）》（11G101－1）相关内容
2	楼梯剖面图识读	1	1	了解楼梯详图、楼梯板的配筋图情况

5. 考核方案设计

"楼梯施工图"任务训练考核方案，见表 6－15。

表 6－15　任务训练考核表

序号	学生姓名	考核方式	平时成绩(40%)		训练完成质量(50%)		权重	评分	答辩记录(10%)	成绩
			考勤	(10%)	学生的知识点掌握程度	(10%)				
			课堂讨论	(20%)	学生识读训练熟练程度	(30%)				
			沟通能力	(10%)	识读能力	(10%)				
	×××	学生自评					30%			
		学生互评					30%			
		教师评定					40%			

6.5.2　识读楼梯施工图基本知识

1. 楼梯结构平面图、剖面图的形成

楼梯结构平面图，是假想用一水平剖切平面在一层的梯梁顶面处剖切楼梯，向下做水平投影绘制而成的。

楼梯结构剖面图表示楼梯承重构件的垂直分布、构造和连接情况，比例与楼梯结构平面图相同。

2. 楼梯结构平面图、剖面图的图示内容

(1) 楼梯结构平面图表示了楼梯板、梯梁的平面布置、代号、结构标高及其他构件的位置关系。一般包括底层平面图、标准层平面图和顶层平面图，常用 1∶50 的比例绘制。楼梯结构平面图和楼层结构平面图一样，都是水平剖面图，只是水平剖切位置不同。通常把剖切位置选择在每层楼层平台的楼梯梁顶面，以表示平台、梯段和楼梯梁的结构布置。

(2) 楼梯结构平面图中对各承重构件，如楼梯梁(TL)、楼梯板(TB)、平台板等进行了标注，梯段的长度标注采用"踏面宽×(步级数-1)=梯段长度"的方式。楼梯结构平面图的轴线编号应与建筑施工图一致，剖切符号一般只在底层楼梯结构平面图中表示。

(3) 在楼梯结构剖面图中，应标注出梯段的外形尺寸、楼层高度和楼梯平台的结构标高。绘制楼梯结构剖面图时，由于选用的比例较小(1∶50)，不能详细地表示楼梯板和楼梯梁的配筋，需另外用较大的比例(如 1∶30、1∶25、1∶20)画出楼梯的配筋图。楼梯配筋图主要由楼梯板和楼梯梁的配筋断面图组成。此外，楼梯结构剖面图上还绘制出了最外面的两条定位轴线及其编号，并标注了两条定位轴线间的距离。

6.5.3　识读楼梯施工图

某小区的楼梯施工图，具体识图解读见本书附图 22。

技能考核 6-5

1. 填空题

(1) 楼梯主要是由_____、_____和_____三部分组成。

(2) 楼梯按照材料可分为_____、_____和_____等类型。

(3) 楼梯的平台深度(净宽)应不小于_____。

(4) 楼梯平台按位置不同分为_____平台和_____平台。

(5) 现浇整体式梁板楼梯按照踏步与梯梁的关系，有_____和_____之分。

2. 依据本书附图 22，完成问题训练

(1) 该楼梯平面图比例为_____。

(2) 该楼梯的建筑形式为_____、结构形式为_____。

(3) 该楼梯间位于_____轴线和_____轴线之间，其开间为_____ mm，进深为_____ mm。

(4) 该楼梯的梯井宽度为_____ mm。

(5) 该楼梯在梯段处的净空高度为_____ mm。

(6) 该楼梯 PB-1①的配筋_____、③的配筋_____；PB-1 中 $h=$_____ mm。

(7) 该楼梯 TB-3 的配筋_____；TB-3 中 $h=$_____ mm。

知识延伸 6-5

（1）楼梯梯段宽度在防火规范中是以每股人流为 0.55m 计，并规定按两股人流最小宽度应不小于 1.10m，这对疏散楼梯是适用的，而对平时用作交通的楼梯则不完全适用，尤其是人员密集的公共建筑（如商场、剧场、体育馆等）主要楼梯应考虑多股人流通行，使垂直交通不造成拥挤和阻塞现象。

此外，人流宽度按 0.55m 计算是最小值，实际上人体在行进中有一定摆幅和相互间空隙，因此，规定每股人流为 0.55m＋(0～0.15)m，0～0.15m 即为人流众多时的附加值，单人行走楼梯梯段宽度还需要适当加大，如图 6-4 所示。

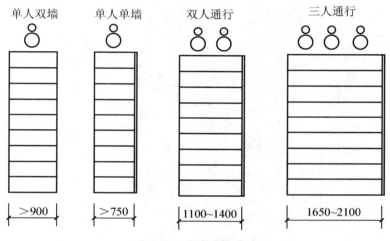

图 6-4　楼梯梯段宽度

（2）梯段改变方向时，扶手转向端处的平台最小宽度应不小于梯段宽度，并不得小于 1.20m，当有搬运大型物件需要时应适量加宽，以保持疏散宽度的一致，并能使家具等大型物件通过，如图 6-5 所示。

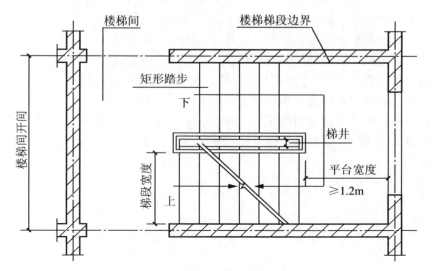

图 6-5　楼梯梯段、平台、梯井

（3）由于建筑竖向处理和楼梯做法变化，楼梯平台上部及下部净高不一定与各层净高一致，此时其净高应不小于2m，使人行进时不碰头。梯段净高一般应满足人在楼梯上伸直手臂向上旋升时手指刚触及上方突出物下缘一点为限，为保证人在行进时不碰头和产生压抑感，故按常用楼梯坡度，梯段净高宜为2.20m，如图6-6所示。

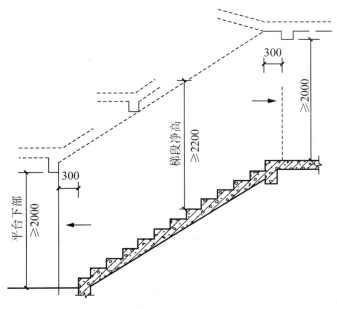

图6-6 梯段净高

本 章 小 结

结构施工图样一般包括结构设计说明、基础平面图、楼层结构平面图、构件详图等。基础平面图、结构平面图都是从整体上反映承重构件的平面布置情况，是结构施工图的基本图样。构件详图表达了构件的形状、尺寸、配筋及与其他构件的关系。

基础施工图用来反映建筑物的基础形式、基础构件布置及构件详图的图样。在识读基础施工图时，应重点了解基础的形式、布置位置、基础地面宽度、基础埋置深度等。

楼层结构平面图中，主要反映了墙、柱、梁、板等构件的型号、布置位置、现浇情况。构件详图主要反映构件的形状、尺寸、配筋、预埋件设置等情况。

结构施工图是在建筑施工图的基础上设计的，与建筑施工图存在内在的联系，因此，在识读结构施工图样时，要与建筑施工图对照阅读。识读结构施工图时，应注意将有关图纸对照阅读。

参 考 文 献

［1］中华人民共和国住房和城乡建设部．房屋建筑制图统一标准(GB/T 50001—2010)［S］．北京：中国建筑工业出版社，2010.

［2］中华人民共和国住房和城乡建设部．总图制图标准(GB/T 50103—2010)［S］．北京：中国建筑工业出版社，2010.

［3］中华人民共和国住房和城乡建设部．建筑制图标准(GB/T 50104—2010)［S］．北京：中国建筑工业出版社，2010.

［4］中华人民共和国住房和城乡建设部．建筑结构制图标准(GB/T 50105—2010)［S］．北京：中国建筑工业出版社，2010.

［5］中华人民共和国住房和城乡建设部．建筑给水排水制图标准(GB/T 50106—2010)［S］．北京：中国建筑工业出版社，2010.

［6］中华人民共和国住房和城乡建设部．暖通空调制图标准(GB/T 50114—2010)［S］．北京：中国建筑工业出版社，2010.

［7］中华人民共和国建设部．民用建筑设计通则(GB 50352—2005)［S］．北京：中国建筑工业出版社，2005.

［8］中华人民共和国建设部．住宅建筑规范(GB 50368—2005)［S］．北京：中国建筑工业出版社，2005.

［9］中华人民共和国住房和城乡建设部．屋面工程技术规范(GB 50345—2012)［S］．北京：中国建筑工业出版社，2012.

［10］中国建筑标准设计研究院．《民用建筑设计通则》图示(06SJ813)［S］．北京：中国计划出版社，2006.

［11］中华人民共和国住房和城乡建设部．混凝土结构设计规范(GB/T 50010—2010)［S］．北京：中国建筑工业出版社，2011.

［12］中国建筑标准设计研究院．混凝土结构施工图平面整体表示方法制图规则和构造详图(现浇混凝土框架、剪力墙、梁、板)(11G101—1)［S］．北京：中国计划出版社，2011.

［13］赵研．建筑构造［M］．北京：中国建筑工业出版社，2000.

［14］现行建筑设计规范大全［M］．北京：中国建筑工业出版社，2002.

［15］孙伟．建筑识图综合实例解析［M］．北京：机械工业出版社，2013.

［16］周佳新，张九红．建筑工程识图［M］．北京：化学工业出版社，2008.

［17］孙伟．建筑识图快速入门［M］．北京：机械工业出版社，2010.

［18］孙伟．建筑识图综合实例解析［M］．北京：机械工业出版社，2013.

北京大学出版社高职高专土建系列规划教材

序号	书名	书号	编著者	定价	出版时间	印次	配套情况
		基 础 课 程					
1	工程建设法律与制度	978-7-301-14158-8	唐茂华	26.00	2012.7	6	ppt/pdf
2	建设法规及相关知识	978-7-301-22748-0	唐茂华等	34.00	2014.9	2	ppt/pdf
3	建设工程法规(第2版)	978-7-301-24493-7	皇甫婧琪	40.00	2014.8	3	ppt/pdf/答案/素材
4	建筑工程法规实务(第2版)	978-7-301-26188-0	杨陈慧等	50.00	2015.8	1	ppt/pdf
5	建筑法规	978-7-301-19371-6	董伟等	39.00	2013.1	4	ppt/pdf
6	建设工程法规	978-7-301-20912-7	王先恕	32.00	2012.7	4	ppt/ pdf
7	AutoCAD 建筑制图教程(第2版)	978-7-301-21095-6	郭 慧	38.00	2014.12	7	ppt/pdf/素材
8	AutoCAD 建筑绘图教程(第2版)	978-7-301-24540-8	唐英敏等	44.00	2014.7	1	ppt/pdf
9	建筑 CAD 项目教程(2010 版)	978-7-301-20979-0	郭 慧	38.00	2012.9	2	pdf/素材
10	建筑工程专业英语	978-7-301-15376-5	吴承霞	20.00	2013.8	8	ppt/pdf
11	建筑工程专业英语	978-7-301-20003-2	韩薇等	24.00	2014.7	2	ppt/ pdf
12	★建筑工程应用文写作(第2版)	978-7-301-24480-7	赵立等	50.00	2014.7	1	ppt/pdf
13	建筑识图与构造(第2版)	978-7-301-23774-8	郑贵超	40.00	2014.12	2	ppt/pdf/答案
14	建筑构造	978-7-301-21267-7	肖 芳	34.00	2014.12	4	ppt/ pdf
15	房屋建筑构造	978-7-301-19883-4	李少红	26.00	2012.1	4	ppt/pdf
16	建筑识图	978-7-301-21893-8	邓志勇等	35.00	2013.1	2	ppt/pdf
17	建筑识图与房屋构造	978-7-301-22860-9	贠禄等	54.00	2015.1	2	ppt/pdf /答案
18	建筑工程识图实训教程	978-7-301-26057-9	孙 伟	32.00	2015.11	1	ppt/pdf
19	建筑构造与设计	978-7-301-23506-5	陈玉萍	38.00	2014.1	1	ppt/pdf /答案
20	房屋建筑构造	978-7-301-23588-1	李元玲等	45.00	2014.1	2	ppt/pdf
21	房屋建筑构造习题集	978-7-301-26005-0	李元玲	26.00	2105.8	1	pdf
22	建筑构造与施工图识读	978-7-301-24470-8	南学平	52.00	2015.7	2	ppt/pdf/答案
23	建筑工程制图与识图(第2版)	978-7-301-24408-1	白丽红	29.00	2014.7	2	ppt/pdf
24	建筑制图习题集(第2版)	978-7-301-24571-2	白丽红	25.00	2014.8	2	pdf
25	建筑制图(第2版)	978-7-301-21146-5	高丽荣	32.00	2015.4	5	ppt/pdf
26	建筑制图习题集(第2版)	978-7-301-21288-2	高丽荣	28.00	2014.12	5	pdf
27	建筑工程制图(第2版)(附习题册)	978-7-301-21120-5	肖明和	48.00	2012.8	3	ppt/pdf
28	建筑制图与识图(第2版)(新规范)	978-7-301-24386-2	曹雪梅	38.00	2015.8	1	ppt/pdf
29	建筑制图与识图习题册	978-7-301-18652-7	曹雪梅等	30.00	2012.4	4	pdf
30	建筑制图与识图	978-7-301-20070-4	李元玲	28.00	2012.8	5	ppt/pdf
31	建筑制图与识图习题集	978-7-301-20425-2	李元玲	24.00	2012.3	4	ppt/pdf
32	新编建筑工程制图	978-7-301-21140-3	方筱松	30.00	2014.8	2	ppt/ pdf
33	新编建筑工程制图习题集	978-7-301-16834-9	方筱松	22.00	2014.1	2	pdf
34	建筑工程概论	978-7-301-25934-4	申淑荣等	40.00	2015.8	1	ppt
		建 筑 施 工 类					
1	建筑工程测量	978-7-301-16727-4	赵景利	30.00	2010.2	12	ppt/pdf /答案
2	建筑工程测量(第2版)	978-7-301-22002-3	张敬伟	37.00	2015.4	6	ppt/pdf /答案
3	建筑工程测量实验与实训指导(第2版)	978-7-301-23166-1	张敬伟	27.00	2013.9	2	pdf/答案
4	建筑工程测量	978-7-301-19992-3	潘益民	38.00	2012.2	2	ppt/ pdf
5	建筑工程测量	978-7-301-13578-5	王金玲等	26.00	2011.8	3	pdf
6	建筑工程测量实训(第2版)	978-7-301-24833-1	杨凤华	34.00	2015.1	1	pdf/答案
7	建筑工程测量(含实验指导手册)	978-7-301-19364-8	石 东等	43.00	2012.6	3	ppt/pdf/答案
8	建筑工程测量	978-7-301-22485-4	景 铎等	34.00	2013.6	1	ppt/pdf
9	建筑施工技术(第2版)	978-7-301-25788-3	陈雄辉	48.00	2015.7	1	ppt/pdf
10	建筑施工技术	978-7-301-12336-2	朱永祥等	38.00	2012.4	7	ppt/pdf
11	建筑施工技术	978-7-301-16726-7	叶 雯等	44.00	2013.5	6	ppt/pdf /素材
12	建筑施工技术	978-7-301-19499-7	董伟等	42.00	2011.9	2	ppt/pdf
13	建筑施工技术	978-7-301-19997-8	苏小梅	38.00	2013.5	3	ppt/pdf
14	建筑工程施工技术(第2版)	978-7-301-21093-2	钟汉华等	48.00	2013.8	7	ppt/pdf
15	数字测图技术	978-7-301-22656-8	赵 红	36.00	2013.6	1	ppt/pdf
16	数字测图技术实训指导	978-7-301-22679-7	赵 红	27.00	2013.6	1	ppt/pdf
17	基础工程施工	978-7-301-20917-2	董伟等	35.00	2012.7	2	ppt/pdf

序号	书名	书号	编著者	定价	出版时间	印次	配套情况
18	建筑施工技术实训(第2版)	978-7-301-24368-8	周晓龙	30.00	2014.12	2	pdf
19	建筑力学(第2版)	978-7-301-21695-8	石立安	46.00	2014.12	5	ppt/pdf
20	★土木工程实用力学(第2版)	978-7-301-24681-8	马景善	47.00	2015.7	1	pdf/ppt/答案
21	土木工程力学	978-7-301-16864-6	吴明军	38.00	2011.11	2	ppt/pdf
22	PKPM软件的应用(第2版)	978-7-301-22625-4	王 娜等	34.00	2013.6	3	Pdf
23	建筑结构(第2版)(上册)	978-7-301-21106-9	徐锡权	41.00	2013.4	3	ppt/pdf/答案
24	建筑结构(第2版)(下册)	978-7-301-22584-4	徐锡权	42.00	2013.6	2	ppt/pdf/答案
25	建筑结构(第2版)(新规范)	978-7-301-25832-3	唐春平等	48.00	2015.8	1	ppt/pdf
26	建筑结构基础	978-7-301-21125-0	王中发	36.00	2012.8	2	ppt/pdf
27	建筑结构原理及应用	978-7-301-18732-6	史美东	45.00	2012.8	1	ppt/pdf
28	建筑力学与结构(第2版)	978-7-301-22148-8	吴承霞等	49.00	2013.4	6	ppt/pdf/答案
29	建筑力学与结构(少学时版)	978-7-301-21730-6	吴承霞	34.00	2013.2	4	ppt/pdf/答案
30	建筑力学与结构	978-7-301-20988-2	陈水广	32.00	2012.8	1	pdf/ppt
31	建筑力学与结构	978-7-301-23348-1	杨丽君等	44.00	2014.1	1	ppt/pdf
32	建筑结构与施工图	978-7-301-22188-4	朱希文等	35.00	2013.3	2	ppt/pdf
33	生态建筑材料	978-7-301-19588-2	陈剑峰等	38.00	2013.7	2	ppt/pdf
34	建筑材料(第2版)	978-7-301-24633-7	林祖宏	35.00	2014.8	1	ppt/pdf
35	建筑材料与检测(第2版)	978-7-301-25347-2	梅 杨等	33.00	2015.2	1	ppt/pdf/答案
36	建筑材料检测试验指导	978-7-301-16729-8	王美芬等	18.00	2014.12	7	pdf
37	建筑材料与检测	978-7-301-19261-0	王 辉	35.00	2012.6	5	ppt/pdf
38	建筑材料与检测试验指导	978-7-301-20045-2	王 辉	20.00	2013.1	3	ppt/pdf
39	建筑材料选择与应用	978-7-301-21948-5	申淑荣等	39.00	2013.3	3	ppt/pdf
40	建筑材料检测实训	978-7-301-22317-8	申淑荣等	24.00	2013.4	1	pdf
41	建筑材料	978-7-301-24208-7	任晓菲	40.00	2014.7	1	ppt/pdf/答案
42	建设工程监理概论(第2版)	978-7-301-20854-0	徐锡权等	43.00	2014.12	5	ppt/pdf/答案
43	★建设工程监理(第2版)	978-7-301-24490-6	斯 庆	35.00	2014.9	1	ppt/pdf/答案
44	建设工程监理概论	978-7-301-15518-9	曾庆军等	24.00	2012.12	5	ppt/pdf
45	工程建设监理案例分析教程	978-7-301-18984-9	刘志麟等	38.00	2013.2	2	ppt/pdf
46	地基与基础(第2版)	978-7-301-23304-7	肖明和等	42.00	2014.12	2	ppt/pdf/答案
47	地基与基础	978-7-301-16130-2	孙平平等	26.00	2013.2	3	ppt/pdf
48	地基与基础实训	978-7-301-23174-6	肖明和等	25.00	2013.10	1	ppt/pdf
49	土力学与地基基础	978-7-301-23675-8	叶火炎等	35.00	2014.1	1	ppt/pdf
50	土力学与基础工程	978-7-301-23590-4	宁培淋等	32.00	2014.1	1	ppt/pdf
51	建筑工程质量事故分析(第2版)	978-7-301-22467-0	郑文新	32.00	2014.12	3	ppt/pdf
52	建筑工程施工组织设计	978-7-301-18512-4	李源清	26.00	2014.12	7	ppt/pdf
53	建筑工程施工组织实训	978-7-301-18961-0	李源清	40.00	2014.12	4	ppt/pdf
54	建筑施工组织与进度控制	978-7-301-21223-3	张廷瑞	36.00	2012.9	3	ppt/pdf
55	建筑施工组织项目式教程	978-7-301-19901-5	杨红玉	44.00	2012.1	2	ppt/pdf/答案
56	钢筋混凝土工程施工与组织	978-7-301-19587-1	高 雁	32.00	2012.5	2	ppt/pdf
57	钢筋混凝土工程施工与组织实训指导(学生工作页)	978-7-301-21208-0	高 雁	20.00	2012.9	1	ppt
58	建筑材料检测试验指导	978-7-301-24782-2	陈东佐等	20.00	2014.9	1	ppt
59	★建筑节能工程与施工	978-7-301-24274-2	吴明军等	35.00	2014.11	1	ppt/pdf
60	建筑施工工艺	978-7-301-24687-0	李源清等	49.50	2015.1	1	pdf/ppt/答案
61	土力学与地基基础	978-7-301-25525-4	陈东佐	45.00	2015.2	1	ppt/pdf/答案
工 程 管 理 类							
1	建筑工程经济(第2版)	978-7-301-22736-7	张宁宁等	30.00	2013.7	7	ppt/pdf/答案
2	★建筑工程经济(第2版)	978-7-301-24492-0	胡六星等	41.00	2014.9	2	ppt/pdf/答案
3	建筑工程经济	978-7-301-24346-6	刘晓丽等	38.00	2014.7	2	ppt/pdf/答案
4	施工企业会计(第2版)	978-7-301-24434-0	辛艳红等	36.00	2014.7	1	ppt/pdf/答案
5	建筑工程项目管理	978-7-301-12335-5	范红岩等	30.00	2012.4	9	ppt/pdf
6	建筑工程项目管理(第2版)	978-7-301-24683-2	王 辉	36.00	2014.9	2	ppt/pdf/答案
7	建筑工程项目管理	978-7-301-19335-8	冯松山等	38.00	2013.11	3	pdf/ppt
8	★建设工程招投标与合同管理(第3版)	978-7-301-24483-8	宋春岩	40.00	2014.9	4	ppt/pdf/答案/试题/教案

序号	书名	书号	编著者	定价	出版时间	印次	配套情况
9	建筑工程招投标与合同管理	978-7-301-16802-8	程超胜	30.00	2012.9	2	pdf/ppt
10	工程招投标与合同管理实务(第2版)	978-7-301-25769-2	杨甲奇等	49.00	2015.8	1	ppt/pdf/答案
11	工程招投标与合同管理实务	978-7-301-19290-0	郑文新等	43.00	2012.4	2	ppt/pdf
12	建设工程招投标与合同管理实务	978-7-301-20404-7	杨云会等	42.00	2012.4	2	ppt/pdf/答案/习题库
13	工程招投标与合同管理	978-7-301-17455-5	文新平	37.00	2012.9	1	ppt/pdf
14	工程项目招投标与合同管理(第2版)	978-7-301-24554-5	李洪军等	42.00	2014.12	2	ppt/pdf/答案
15	工程项目招投标与合同管理(第2版)	978-7-301-22462-5	周艳冬	35.00	2014.12	4	ppt/pdf
16	建筑工程商务标编制实训	978-7-301-20804-5	钟振宇	35.00	2012.7	1	ppt
17	建筑工程安全管理(第2版)	978-7-301-25480-6	宋　健等	42.00	2015.8	1	ppt/pdf
18	建筑工程质量与安全管理	978-7-301-16070-1	周连起	35.00	2014.12	8	ppt/pdf/答案
19	施工项目质量与安全管理	978-7-301-21275-2	钟汉华	45.00	2012.10	2	ppt/pdf/答案
20	工程造价控制(第2版)	978-7-301-24594-1	斯　庆	32.00	2014.8	1	ppt/pdf/答案
21	工程造价管理	978-7-301-20655-3	徐锡权等	33.00	2013.8	3	ppt/pdf/答案
22	工程造价控制与管理	978-7-301-19366-2	胡新萍等	30.00	2014.12	4	ppt/pdf
23	建筑工程造价管理	978-7-301-20360-6	柴　琦等	27.00	2014.12	4	ppt/pdf
24	建筑工程造价管理	978-7-301-15517-2	李茂英等	24.00	2012.1	4	pdf
25	工程造价案例分析	978-7-301-22985-9	甄　凤	30.00	2013.8	2	pdf/ppt
26	建设工程造价控制与管理	978-7-301-24273-5	胡芳珍等	38.00	2014.6	1	ppt/pdf/答案
27	建筑工程造价	978-7-301-21892-1	孙咏梅	40.00	2013.2	1	ppt/pdf
28	★建筑工程计量与计价(第3版)	978-7-301-25344-1	肖明和等	65.00	2015.7	1	pdf/ppt
29	★建筑工程计量与计价实训(第3版)	978-7-301-25345-8	肖明和等	29.00	2015.7	1	pdf
30	建筑工程计量与计价综合实训	978-7-301-23568-3	龚小兰	28.00	2014.1	2	pdf
31	建筑工程估价	978-7-301-22802-9	张　英	43.00	2013.8	1	ppt/pdf
32	建筑工程计量与计价——透过案例学造价(第2版)	978-7-301-23852-3	张　强	59.00	2014.12	3	ppt/pdf
33	安装工程计量与计价(第3版)	978-7-301-24539-2	冯　钢等	54.00	2014.9	4	pdf/ppt
34	安装工程计量与计价综合实训	978-7-301-23294-1	成春燕	49.00	2014.12	3	pdf/素材
35	安装工程计量与计价实训	978-7-301-19336-5	景巧玲等	36.00	2013.5	3	pdf/素材
36	建筑水电安装工程计量与计价	978-7-301-21198-4	陈连姝	36.00	2013.8	3	ppt/pdf
37	建筑与装饰工程工程量清单(第2版)	978-7-301-25753-1	翟丽旻等	36.00	2015.5	1	ppt
38	建筑工程清单编制	978-7-301-19387-7	叶晓容	24.00	2011.8	2	ppt/pdf
39	建设项目评估	978-7-301-20068-1	高志云等	32.00	2013.6	2	ppt/pdf
40	钢筋工程清单编制	978-7-301-20114-5	贾莲英	36.00	2012.2	2	ppt/pdf
41	混凝土工程清单编制	978-7-301-20384-2	顾　娟	28.00	2012.5	1	ppt/pdf
42	建筑装饰工程预算(第2版)	978-7-301-25801-9	范菊雨	44.00	2015.7	1	pdf/ppt
43	建设工程安全监理	978-7-301-20802-1	沈万岳	28.00	2012.7	1	pdf/ppt
44	建筑工程安全技术与管理实务	978-7-301-21187-8	沈万岳	48.00	2012.9	2	pdf/ppt
45	建筑工程资料管理	978-7-301-17456-2	孙　刚等	36.00	2014.12	5	pdf/ppt
46	建筑施工组织与管理(第2版)	978-7-301-22149-5	翟丽旻等	43.00	2014.12	3	ppt/pdf/答案
47	建设工程合同管理	978-7-301-22612-4	刘庭江	46.00	2013.6	1	ppt/pdf/答案
48	★工程造价概论	978-7-301-24696-2	周艳冬	31.00	2015.1	2	ppt/pdf/答案
49	建筑安装工程计量与计价实训(第2版)	978-7-301-25683-1	景巧玲等	36.00	2015.7	1	pdf
	建 筑 设 计 类						
1	中外建筑史(第2版)	978-7-301-23779-3	袁新华等	38.00	2014.2	2	ppt/pdf
2	建筑室内空间历程	978-7-301-19338-9	张伟孝	53.00	2011.8	1	pdf
3	建筑装饰CAD项目教程	978-7-301-20950-9	郭　慧	35.00	2013.1	2	ppt/素材
4	室内设计基础	978-7-301-15613-1	李书青	32.00	2013.5	3	ppt/pdf
5	建筑装饰构造	978-7-301-15687-2	赵志文等	27.00	2012.11	6	ppt/pdf/答案
6	建筑装饰材料(第2版)	978-7-301-22356-7	焦　涛等	34.00	2013.5	2	ppt/pdf
7	★建筑装饰施工技术(第2版)	978-7-301-24482-1	王　军	37.00	2014.7	3	ppt/pdf
8	设计构成	978-7-301-15504-2	戴碧锋	30.00	2012.10	2	ppt/pdf
9	基础色彩	978-7-301-16072-5	张　军	42.00	2011.9	2	pdf
10	设计色彩	978-7-301-21211-0	龙黎黎	46.00	2012.9	1	ppt
11	设计素描	978-7-301-22391-8	司马金桃	29.00	2013.4	2	ppt
12	建筑素描表现与创意	978-7-301-15541-7	于修国	25.00	2012.11	3	Pdf

序号	书名	书号	编著者	定价	出版时间	印次	配套情况
13	3ds Max 效果图制作	978-7-301-22870-8	刘 晗等	45.00	2013.7	1	ppt
14	3ds max 室内设计表现方法	978-7-301-17762-4	徐海军	32.00	2010.9	1	pdf
15	Photoshop 效果图后期制作	978-7-301-16073-2	脱忠伟等	52.00	2011.1	2	素材/pdf
16	建筑表现技法	978-7-301-19216-0	张 峰	32.00	2013.1	1	ppt/pdf
17	建筑速写	978-7-301-20441-2	张 峰	30.00	2012.4	1	pdf
18	建筑装饰设计	978-7-301-20022-3	杨丽君	36.00	2012.2	1	ppt/素材
19	装饰施工读图与识图	978-7-301-19991-6	杨丽君	33.00	2012.5	1	ppt
20	建筑装饰工程计量与计价	978-7-301-20055-1	李茂英	42.00	2013.7	3	ppt/pdf
21	3ds Max & V-Ray 建筑设计表现案例教程	978-7-301-25093-8	郑恩峰	40.00	2014.12	1	ppt/pdf
	规 划 园 林 类						
1	城市规划原理与设计	978-7-301-21505-0	谭婧婧等	35.00	2013.1	2	ppt/pdf
2	居住区景观设计	978-7-301-20587-7	张群成	47.00	2012.5	1	ppt
3	居住区规划设计	978-7-301-21031-4	张 燕	48.00	2012.8	2	ppt
4	园林植物识别与应用	978-7-301-17485-2	潘利等	34.00	2012.9	1	ppt
5	园林工程施工组织管理	978-7-301-22364-2	潘利等	35.00	2013.4	1	ppt/pdf
6	园林景观计算机辅助设计	978-7-301-24500-2	于化强等	48.00	2014.8	1	ppt/pdf
7	建筑·园林·装饰设计初步	978-7-301-24575-0	王金贵	38.00	2014.10	1	ppt/pdf
	房 地 产 类						
1	房地产开发与经营(第 2 版)	978-7-301-23084-8	张建中等	33.00	2014.8	2	ppt/pdf/答案
2	房地产估价(第 2 版)	978-7-301-22945-3	张 勇等	35.00	2014.12	2	ppt/pdf/答案
3	房地产估价理论与实务	978-7-301-19327-3	褚菁晶	35.00	2011.8	2	ppt/pdf/答案
4	物业管理理论与实务	978-7-301-19354-9	裴艳慧	52.00	2011.9	2	ppt/pdf
5	房地产测绘	978-7-301-22747-3	唐春平	29.00	2013.7	1	ppt/pdf
6	房地产营销与策划	978-7-301-18731-9	应佐萍	42.00	2012.8	2	ppt/pdf
7	房地产投资分析与实务	978-7-301-24832-4	高志云	35.00	2014.9	1	ppt/pdf
	市 政 与 路 桥 类						
1	市政工程计量与计价(第 2 版)	978-7-301-20564-8	郭良娟等	42.00	2015.1	6	pdf/ppt
2	市政工程计价	978-7-301-22117-4	彭以舟等	39.00	2015.2	1	ppt
3	市政桥梁工程	978-7-301-16688-8	刘 江等	42.00	2012.10	2	ppt/pdf/素材
4	市政工程材料	978-7-301-22452-6	郑晓国	37.00	2013.5	1	ppt/pdf
5	道桥工程材料	978-7-301-21170-0	刘水林等	43.00	2012.9	1	ppt/pdf
6	路基路面工程	978-7-301-19299-3	偶昌宝等	34.00	2011.8	1	ppt/pdf/素材
7	道路工程技术	978-7-301-19363-1	刘 雨等	33.00	2011.12	1	ppt/pdf
8	城市道路设计与施工	978-7-301-21947-8	吴颖峰	39.00	2013.1	1	ppt/pdf
9	建筑给排水工程技术	978-7-301-25224-6	刘 芳等	46.00	2014.12	1	ppt/pdf
10	建筑给水排水工程	978-7-301-20047-6	叶巧云	38.00	2012.2	1	ppt/pdf
11	市政工程测量(含技能训练手册)	978-7-301-20474-0	刘宗波等	41.00	2012.5	1	ppt/pdf
12	市政工程施工图案例图集	978-7-301-24824-9	陈忆琳等	45.00	2015.2	1	pdf
13	公路工程任务承揽与合同管理	978-7-301-21133-5	邱 兰等	30.00	2012.9	1	ppt/pdf/答案
14	★工程地质与土力学(第 2 版)	978-7-301-24479-1	杨仲元	41.00	2014.7	1	ppt/pdf
15	数字测图技术应用教程	978-7-301-20334-7	刘宗波	36.00	2012.8	1	ppt
16	水泵与水泵站技术	978-7-301-22510-3	刘振华	40.00	2013.5	1	ppt/pdf
17	道路工程测量(含技能训练手册)	978-7-301-21967-6	田树涛等	45.00	2013.2	1	ppt/pdf
18	桥梁施工与维护	978-7-301-23834-9	梁 斌	50.00	2014.2	1	ppt/pdf
19	铁路轨道施工与维护	978-7-301-23524-9	梁 斌	36.00	2014.1	1	ppt/pdf
20	铁路轨道构造	978-7-301-23153-1	梁 斌	32.00	2013.10	1	ppt/pdf
	建 筑 设 备 类						
1	建筑设备基础知识与识图(第 2 版)	978-7-301-24586-6	靳慧征等	47.00	2014.12	3	ppt/pdf/答案
2	建筑设备识图与施工工艺(第 2 版)(新规范)	978-7-301-25254-3	周业梅	44.00	2015.8	1	ppt/pdf
3	建筑施工机械	978-7-301-19365-5	吴志强	30.00	2014.12	5	pdf/ppt
4	智能建筑环境设备自动化	978-7-301-21090-1	余志强	40.00	2012.8	1	pdf/ppt
5	流体力学及泵与风机	978-7-301-25279-6	王 宁等	35.00	2015.1	1	pdf/ppt/答案

如您需要更多教学资源如电子课件、电子样章、习题答案等，请登录北京大学出版社第六事业部官网 www.pup6.cn 搜索下载。

如您需要浏览更多专业教材，请扫下面的二维码，关注北京大学出版社第六事业部官方微信（微信号：pup6book），随时查询专业教材、浏览教材目录、内容简介等信息，并可在线申请纸质样书用于教学。

感谢您使用我们的教材，欢迎您随时与我们联系，我们将及时做好全方位的服务。联系方式：010-62750667，yangxinglu@126.com，pup_6@163.com，lihu80@163.com，欢迎来电来信。客户服务 QQ 号：1292552107，欢迎随时咨询。